Mohamed Chnafi
Omar Mommadi
Abdelaziz El Moussaouy

Nanoestruturas semicondutoras:

Mohamed Chnafi
Omar Mommadi
Abdelaziz El Moussaouy

Nanoestruturas semicondutoras:

Excite e classifique para aplicações optoelectrónicas

ScienciaScripts

Imprint

Any brand names and product names mentioned in this book are subject to trademark, brand or patent protection and are trademarks or registered trademarks of their respective holders. The use of brand names, product names, common names, trade names, product descriptions etc. even without a particular marking in this work is in no way to be construed to mean that such names may be regarded as unrestricted in respect of trademark and brand protection legislation and could thus be used by anyone.

Cover image: www.ingimage.com

This book is a translation from the original published under ISBN 978-620-6-72772-9.

Publisher:
Sciencia Scripts
is a trademark of
Dodo Books Indian Ocean Ltd. and OmniScriptum S.R.L publishing group

120 High Road, East Finchley, London, N2 9ED, United Kingdom
Str. Armeneasca 28/1, office 1, Chisinau MD-2012, Republic of Moldova, Europe
Printed at: see last page
ISBN: 978-620-4-74803-0

Índice

Introdução geral

O rápido progresso da tecnologia dos semicondutores nos últimos anos permitiu o fabrico de pequenas nanoestruturas electrónicas. Este tipo de nanoestrutura confina partículas carregadas em três dimensões do espaço. Em pequenas dimensões, especialmente nos pontos quânticos (QDs) [1,2], o quadro é diferente, porque as nanoestruturas têm menos de um nanómetro de largura e alguns nanómetros de espessura, e têm formas diferentes. Nos QDs, o confinamento quântico é importante, o que conduz a uma maior estabilidade dos excitões e dos triões, aumentando as suas energias de ligação. A estabilidade destas partículas da temperatura e da pressão. X^-Até 1990, a identificação adequada do tríon negativo ( ) não havia sido determinada em poços quânticos de alta qualidade e dopados remotamente [3-5]. X^-Desde então, tem sido feito um extenso trabalho sobre ( ) em poços quânticos bidimensionais [6,7] e BQs, e as primeiras observações de triões foram feitas em um conjunto de BQs [8]. Existem vários estudos teóricos dedicados aos excitões [9-11] e aos triões [12-21] neste tipo de nanoestruturas. A maioria destes trabalhos tratou e considerou BQs esféricas [22-24], em forma de disco [25,26], quadradas planas [27,28] e cilíndricas [29,30].

Quando se excitam opticamente portadores num semicondutor, a energia mínima necessária para formar portadores livres é a energia de hiato (a energia do hiato de banda). Uma energia inferior a este valor não pode excitar portadores livres. De facto, o estudo da absorção de semicondutores a baixa temperatura mostrou uma excitação imediatamente abaixo do intervalo [31]. Esta excitação está associada à formação de um eletrão ligado e de um buraco de eletrão, também conhecido por excitão. Trata-se de uma quasipartícula eletricamente neutra, como o estado do hidrogénio. A baixas temperaturas, os estados ligados são formados e a interação de Coulomb entre o eletrão e o buraco torna-se importante [32]. $(X^-)(X^+)$O é criado devido à ligação do eletrão extra a um excitão pré-existente no QB, e se um buraco for ligado a um exitão, é criado um tríon positivo. Os triões positivos e negativos são estados electrónicos complexos excitados nos semicondutores, pelo que se coloca o problema dos 3 corpos. $(X^-)(X^-)$Embora Lampert [33] tenha previsto originalmente em semicondutores em 1958, e K.KHENG [34] tenha encontrado experimentalmente no poço quântico Cd Te/Cd Zn Te.

(X^-) $GaAs$ $GaAs/Ga_{1-x}Al_xAs$Neste trabalho, abordamos o efeito de confinamentos quânticos (3D) na energia de ligação do excitão e nas energias de um tríon negativo sob a influência combinada de pressão e temperatura, em um QB cilíndrico semicondutor fabricado em e cercado por . Utilizando a abordagem variacional e a aproximação da massa efectiva, considerando potencial de confinamento finito e infinito. Houve preocupações quanto à validade da aproximação da massa efectiva no limite BQ quando a dimensão do excitão pode ser comparável às constantes médias da rede dos semicondutores.

No primeiro capítulo, revemos as propriedades fundamentais dos semicondutores e os modelos utilizados para descrever estados electrónicos confinados: aproximação da massa efectiva, função envelope, método variacional, etc.

No segundo capítulo, descrevemos o nosso modelo teórico que se baseia essencialmente no método vibracional para estudar os estados excitónicos num QB cilíndrico. Determinamos as energias de ligação dos excitões e a transição energética da fotoluminescência em diferentes casos de fronteira gerados por esta geometria, a fim de mostrar a importância do efeito da temperatura e da pressão hidrostática.

$GaAs/Ga_{1-x}Al_xAs$No terceiro capítulo, apresentamos o formalismo dos excitões carregados negativamente num QB de geometria cilíndrica semicondutora baseado em . Estabelecemos a equação de Schrödinger para a função de envelope na aproximação de massa efectiva usando um método variacional e discutimos os invariantes do problema. Finalmente, determinamos a energia da sub-banda do tríon negativo no caso do poço quadrado finito e infinito sob temperatura.

Bibliografia

[1] Peter Ramvall, Satoru Tanaka, Philippe Riblet, e Yoshinobu Aoyagi, Appl.Phys.Lett. 73(1998)1104.

[2]L. Esaki, in physics and Application of Quantum wells and superlattice, vol 170, of NATO Advanced study institute, series B: physics, edited by E.E, Mendez and K.vonklitzing (plenum, New York, 1987).

[3]K. Kheng, R.T. Cox, Merle Y. dÁubigne, Franck Bassani, K. Saminadayar e Tatarennko, Phys.Rev.Lett. 71(1993)1752.

[4]G. Finkelstein, H. Shtrikman, e I. Bar-Joseph, Phys. Rev. Lett.74 (1995)976.

[5]A. J. Shields M. Pepper, D. A. Ritchie, M. Y. Simmons e G. A. C. Jones, Phys. Rev. B51 (1995)18049.

[6]D. Sanvitto, F. Pulizzi, A.J. Shields, P.C. Christianen, S. N. Holmes, M.Y. Simmons, D.A. Ritchie, J. C. Maan, e M. Pepper, Science 294.5543(2001) 837.

[7] G. Eyton, Y. Yayon, M. Rappaport, H. Shtrikman, e I. Bar-Joseph. Bar-Joseph, Phys. Rev. Lett. 81(1998) 1666.

[8]Y. Yayon, M. Rappaport, V. Umansky e I. Bar-Joseph, Phys. Rev. B64 (2001) 81308.

[9]C. F. Lo and R. Sollie, Solid state commun 79 (1991)775.

[10]S. I. Pokutnil.phys. Semicond 25 (1991) 381.

[11]G. T.Einevoll, Phys. Rev. B45 (1992) 3410.

[12]M.A. Olshavsky, A. N. Goldstein, and A. P. Alivisatos, J. Am. Chem.Soc.112 (1990) 9438.

[13]W. Xie, e C. Chen, Physica E. 8 (2000) 77.

[14]W.F. Xie, Phys.Stat.Sol. B226 (2001)247.

[15]B.Stébe, A.Moradi, e F. Dujardin, Phys. Rev. B61 (2000) 7231.

[16] C. Riva, F. M. Peeters e K. Varga, Phys. Rev. B61 (2000) 13873.

[17]I. Szlufarska, A. Wojs, e J. J. Quinn, Phys. Rev. B63 (2001) 085305.

[18]W.Y.Ruan, K. S. Chan, e, E. Y. B. Pun, J. Phys: Condens. Matter 12(2000) 7905.

[19] B. Szafran, B. Sté be, J. Adamowski, and S. Bednarek, J. Phys: Condens. Matter 12 (2000) 2453.

[20] L. C. O. Dacal e J. A. Brum, Phys. Rev. B65 (2002)115324.

[21]I. M. Kupchak, Yu. V. Kryuchenko, e D. V. Korbutyak, Semiconductor Physics, Quantum Electronics & Optoelectronics, 9(2006) 1-8.

[22]J.L.Marn, R.Riera, and S.A.Cruz, J. Phys: condens. Matter 10(1998) 1349.

[23]Shudong Wu e Liwan, J. Appl. Phys.111 (2012) 063711.

[24]H.Hassanabadi e A.A.Rajabi, Phys. Lett. A373 (2009) 679.

[25]L.C.Lew Yan Voon e M. Willatzen, J. Phys: Condens. Matter 14(2002) 13667.

[26]S.Gaan, Guowei, e R. Feenstra, J. Appl. Phys 108 (2010) 114315.

[27]Szafran, B.Chwiej, T. Peeters, F. M. Bednarek, S. Adamowski, J. andPartoens, B. *Physical Review B, 71*(2005) 205316.

[28]Abbarchi, M., Kuroda, T., Mano, T., Sakoda, K., Mastrandrea, C. A., Vinattieri, & Tsuchiya, T. (2010). Renormalização energética de complexos de excitons em pontos quânticos de GaAs. *Physical Review B, 82*(20), 201301.

[29]Y.Kayanuma, Phys. Rev. B44 (1991) 13085.

[30]V.A. Holovatsky, M.J. Mikhalyova, e M.M. Tkach. J. Phys: Condens. Matter. 3(2000) 863.

[31] Jacques I. Pankove, Optical Processes in Semiconductors, Prentice-Hall, Inc (1971).

[32]L.V.Keldy, P.N.Lebedev, Contemp.Phys.27 (1986)395.

[33] M.A. Lampert, Phys. Rev.Lett.1 (1958) 450.

[34]G. Finkelstein, V.Umansky, e I. Bar-Joseph, Phys. Rev. B58 (1998) 12637.

CAPÍTULO 1: INFORMAÇÕES GERAIS SOBRE NANOESTRUTURAS BASEADAS EM SEMICONDUTORES

I- Introdução

As nanoestruturas são materiais com uma escala de comprimento da ordem de 1 a 100 nm em pelo menos uma dimensão (1D). Numa nanoestrutura, os electrões estão confinados à dimensão nanométrica, mas podem mover-se livremente noutras dimensões. Uma forma de classificar as nanoestruturas é baseada nas dimensões em que os electrões se movem livremente:

- ❖ Poços quânticos: os electrões estão confinados a uma única dimensão (1D) e permanecem livres nas outras. Podem ser criados através da colocação em sanduíche de uma camada de semicondutor com uma banda estreita entre as grandes lacunas. Um poço quântico é frequentemente referido como um sistema eletrónico 2D [1-3].
- ❖ Fios quânticos: os electrões estão confinados em duas dimensões, mas permanecem livres para se moverem na terceira dimensão. Os fios quânticos reais incluem cadeias de polímeros, nanofios e nanotubos [4].
- ❖ BQs: os electrões são confinados em todas as dimensões, como aglomerados e nanocristalitos [5]. Numerosos estudos centram-se atualmente em BQs de semicondutores capazes de confinar electrões à escala nanométrica em todas as direcções espaciais [6,7]

Quando um material semicondutor é estruturado à escala nanométrica, as suas propriedades electrónicas e ópticas são regidas pela mecânica quântica. O poço quântico, formado por uma fina camada semicondutora de espessura nanométrica, tem sido amplamente utilizado nos últimos 20 anos para fabricar componentes de elevado desempenho (díodos laser, transístores bidimensionais de gás eletrónico, etc.) [8-12].

O domínio das nanoestruturas está a tornar-se muito importante e está, sem dúvida, no centro das próximas revoluções, graças às grandes aplicações que se esperam nas ciências da vida, nos materiais e nas tecnologias da informação.

II- Semicondutor de caixa quântica

1- O cristal tridimensional

Os primeiros trabalhos sobre as propriedades dos semicondutores foram realizados principalmente em elementos puros, como o silício e o germânio, que se caracterizam por um hiato indireto. Trata-se de elementos da 4ª coluna da tabela periódica. Estes elementos têm 4 electrões nas suas orbitais de valência. (CdSe, CdS, ZnSe, CdTe, etc ...) (GaAs, GaP, InP ...), (CuCl, CuBr, AgBr ...)Os materiais semicondutores podem também ser compostos binários do tipo II-VI , III-V I-VII ou compostos ternários do tipo IIII-IV (CuInSe2, CuInS2...). No caso dos compostos binários, cada célula unitária é constituída por dois átomos com 8 electrões de valência [13].

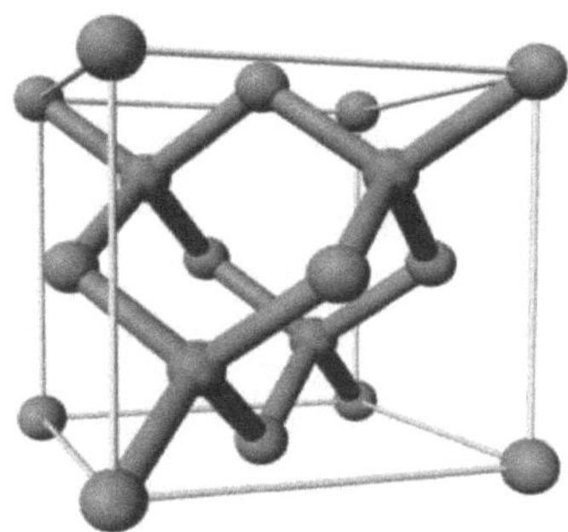

Figura 1.1*: Estrutura cristalina de zinco-blenda (exemplo de arsénio de gálio (GaAs)).*

Num material semicondutor tridimensional, a densidade de estados é uma função contínua da energia. A 0 K, os portadores de carga ocupam a banda de valência, que está separada da banda de condução por uma zona designada por "band gap", na qual a equação de Schrödinger não tem solução. A altura do "band gap" é baixa e a condução neste tipo de material aumenta com a temperatura.

No final da década de 1960, Leo Esaki [14] produziu a primeira heteroestrutura semicondutora. Esta estrutura artificial exótica valeu ao seu inventor o Prémio Nobel da Física em 1973. Desde então, os estudos teóricos e experimentais sobre o tema da baixa dimensionalidade evoluíram de estruturas semicondutoras bidimensionais, tais como poços quânticos e super-redes, para estruturas de dimensão zero, também conhecidas como BQs ou pontos quânticos, e estruturas semicondutoras unidimensionais, também conhecidas como fios quânticos.

Como acabámos de ver, podemos distinguir diferentes tipos de nanoestruturas semicondutoras em função do grau de liberdade dos portadores de carga na estrutura e da geometria.

2- Estruturas bidimensionais (2D)

Estas estruturas permitem que os portadores de carga tenham liberdade de movimento em duas direcções no espaço. Os electrões da banda de condução e os buracos da banda de valência permanecem confinados no material com o menor intervalo, que funciona como um poço de potencial. Na direção normal aos poços, as energias são quantificadas.

As estruturas (2D) são classificadas em três categorias:

➢ Poços quânticos simples :

Um poço quântico simples consiste numa camada de semicondutor cuja espessura é da ordem de grandeza do comprimento de onda de De Broglie dos electrões, e cujas outras dimensões são muito grandes em comparação com este comprimento de onda [17].

➢ Poços quânticos múltiplos :

Um poço quântico múltiplo é constituído por uma justaposição de poços simples, suficientemente próximos para que exista um acoplamento entre os movimentos dos electrões nos diferentes poços [17].

➢ Super-redes :

Uma super-rede é um poço quântico múltiplo com um grande número de poços simples equidistantes, de modo que a estrutura pode ser considerada quase-periódica na direção normal aos poços. **A Figura 1.2** mostra a primeira estrutura proposta por Esaki e Tsu [14,18]. Consistia numa pilha alternada de camadas finas de dois semicondutores [18].

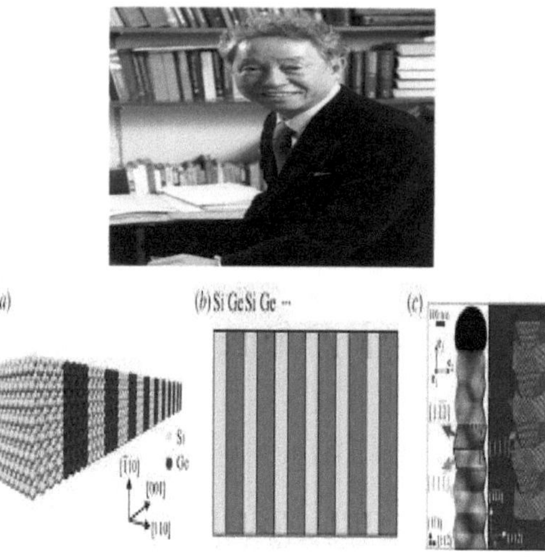

Figura 1.2: Léo ESAKI, Prémio Nobel da Física em 1973. Diagrama de uma super-rede.

3- Estruturas unidimensionais (1D)

Nestas estruturas, o confinamento afecta duas dimensões, deixando os portadores de carga livres para se moverem apenas numa direção (1D). Obtêm-se assim os fios quânticos (Qw). A densidade de estados, que se assemelha a uma escada no caso das estruturas de poços quânticos, apresenta então picos que são tanto mais finos quanto menor for a secção transversal do fio quântico.

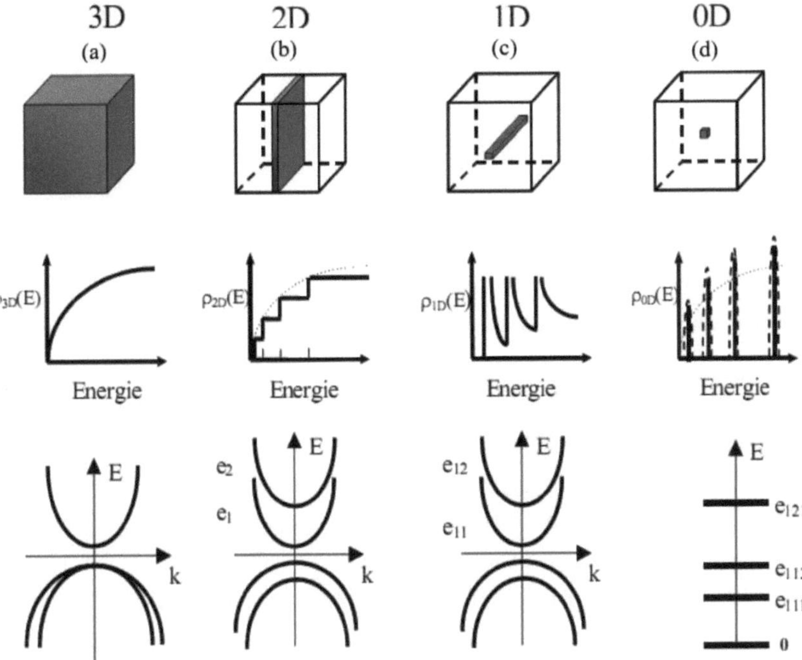

Figura 1.3: *Evolução da densidade de estados ρ(E) e da estrutura de bandas E(k) em função da dimensionalidade do material: (a) um semicondutor a granel (3D), (b) um poço quântico (2D), (c) um fio quântico (1D) e (d) uma caixa quântica (0D).*

Na década de 1980, os avanços tecnológicos no crescimento de heteroestruturas levaram ao surgimento de um novo tipo de estrutura nanométrica tridimensional conhecida como pontos quânticos ou BQs (Quantum Boxes ou Quantum Dots). O termo "ponto quântico" foi cunhado por Mark Reed. Estas estruturas artificiais são também conhecidas como "átomos artificiais". A origem desta alcunha deve-se à discretização do espetro de energia induzida pelo confinamento tridimensional dos portadores de carga nestes sistemas.

Dependendo do processo de fabrico, os BQ semicondutores são em matrizes cristalinas ou semicondutoras [19] ou soluções aquosas ou orgânicas [20,21]. Os portadores de carga são privados da sua liberdade de movimento em todas as direcções no espaço. Em consequência, ficam confinados uma região cujas dimensões são da ordem do comprimento de onda do eletrão, de acordo com De Broglie. Este confinamento confere aos BQs propriedades que são intermédias entre o semicondutor clássico e o átomo isolado.

III- Fabrico de pontos quânticos :

1- Panorama histórico :

Os nanocristais semicondutores existem há muito tempo. Na antiguidade, os egípcios fabricavam tintas para o cabelo à base de sais de chumbo. PbS Quando estes entravam em contacto com o , os nanocristais semicondutores que se formavam davam ao cabelo uma cor negra [22]. No início dos anos 80 a equipa de Alexei Ekimov [23,24] sintetizou vidros dopados com nanocristais semicondutores, o grupo de A. Henglein [25] desenvolveu protocolos para a preparação de colóides semicondutores em solução. O desenvolvimento das qualidades destas nanoestruturas e o estudo das suas propriedades em função do tamanho são da responsabilidade de A. Ekimov nanocristais em matriz de vidro [23-26] e de L. Brus para os nanocristais coloidais em solução [21-27]. Al. Efros [28]. Estes estudos iniciais marcaram o aparecimento de um novo domínio de investigação sobre a síntese e o estudo das propriedades físicas dos nanocristais semicondutores coloidais.

Em 1993, a primeira síntese organometálica de nanocristais semicondutores foi efectuada por C. Murray, et al [29]. Estes estudos resultaram em nanocristais de dimensões controladas com baixa dispersão de tamanho, elevada cristalinidade e passivação eficaz da superfície.

2- Epitaxia por feixe molecular :

O princípio da epitaxia por feixe molecular (MBE) foi desenvolvido no início do século, mas só no final dos anos 60 é que foi aperfeiçoado [30]. Atualmente, esta técnica é amplamente utilizada para o crescimento de películas finas e, em particular, para o crescimento de BQs semicondutores, porque obtenção de interfaces abruptas e cristalograficamente perfeitas. $10^{-10} et 10^{-9}$A EJM é uma técnica de deposição sob vácuo (pressão residual entre Pa) para garantir a limpeza da superfície, uma vez que, sem vácuo, os átomos utilizados para o crescimento podem misturar-se com moléculas de gás residuais. O princípio consiste em evaporar materiais de fontes elementares sob a forma de jactos moleculares, colocados em células de efusão, e dirigir estes fluxos de materiais para um suporte cristalino aquecido (substrato). Os átomos decompostos difundem-se na superfície do substrato para formar pilhas de camadas finas monocamada a . (J. Zribi, 2008).

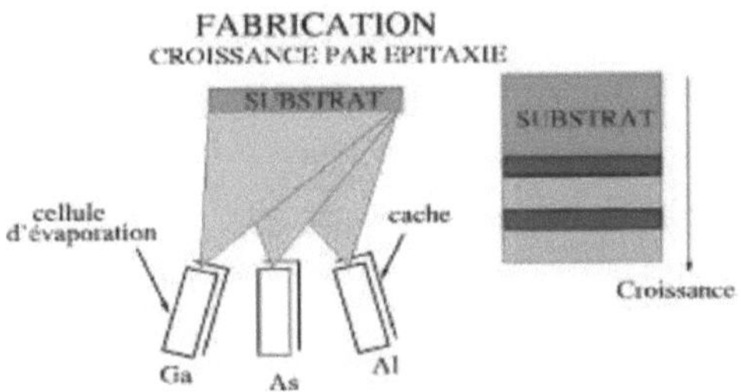

Figura 1.4: Diagrama esquemático do crescimento por epitaxia de feixe molecular.

3- Métodos de crescimento da caixa quântica

O crescimento de BQs sempre foi de grande interesse científico, aplicado e, sobretudo, tecnológico. Sofreu uma grande evolução graças ao desenvolvimento de métodos como a epitaxia por jato molecular, que permitiram depositar camadas muito finas sobre substratos sólidos. O leitmotiv dos investigadores que trabalham neste domínio tem sido o seguinte: quanto melhor compreendermos os processos fundamentais envolvidos no crescimento, melhor será a qualidade e o desempenho dos dispositivos fabricados com nanoestruturas semicondutoras.

As primeiras BQs de semicondutores foram fabricadas utilizando uma técnica de litografia e gravura. Infelizmente, este método resultou em BQs com vários defeitos superficiais e tamanhos pequenos. Em 1985, Goldstein e a sua equipa conseguiram produzir os primeiros BQs por crescimento epitaxial [31].

IV- Aplicações da caixa quântica

Atualmente, o estudo dos BQs revela-se muito importante na medida em que permitirá à comunidade científica desenvolver a física e o comportamento destes sistemas mesoscópicos, com vista a melhorar os conhecimentos, avançar o estado da arte da matéria, adquirir um domínio tecnológico à escala nanométrica e, finalmente, procurar novas funcionalidades num domínio apaixonante que se situa entre a física da matéria condensada e a física quântica. As estruturas à escala nanométrica têm propriedades eléctricas, magnéticas, ópticas e químicas novas e muito interessantes que não encontramos nos semicondutores a granel.

1- Aplicações em optoelectrónica e fotónica

As nanoestruturas semicondutoras são atualmente de grande interesse. Graças às suas excepcionais propriedades electrónicas e ópticas, e na sequência dos progressos tecnológicos nos métodos de fabrico e de síntese, estas estruturas podem ser facilmente integradas em numerosos dispositivos optoelectrónicos, principalmente no domínio das telecomunicações ópticas, como díodos laser, amplificadores ópticos, absorvedores saturáveis e fotodetectores. Podem também ser utilizados para fabricar células fotovoltaicas e díodos emissores de luz. As propriedades específicas das BQ (níveis discretos, linhas de emissão finas e elevada eficiência radiativa próxima de 100%) permitem também conceber componentes optoelectrónicos inovadores baseados numa única BQ como fonte de um único fotão. As BQs suplantaram mesmo outras heteroestruturas, como os poços quânticos ou os fios quânticos.

2- Aplicações em biologia

No domínio da biologia, as equipas de P. Alivisatos et al [32] e S. Nie et al [33] foram as primeiras a considerar a utilização de nanocristais semicondutores fluorescentes como sondas para a marcação de células. Estes nanocristais são fluoróforos inorgânicos mais brilhantes do que os fluoróforos orgânicos. Podem substituir os fluoróforos orgânicos numa série de aplicações, uma vez que são resistentes à fotodegradação e podem apresentar várias cores em simultâneo.

O princípio desta técnica de deteção baseia-se no facto de estas nanoestruturas serem solúveis em meios aquosos. Uma vez no tecido vivo, estas estruturas podem ligar-se a moléculas biológicas, como as proteínas ou os ácidos nucleicos (ADN e ARN). As propriedades destas moléculas podem então analisadas através da deteção da fluorescência dos nanocristais após terem sido excitados por um laser ou por uma lâmpada

UV num microscópio. Os nanocristais desempenham um papel muito importante análise biológica e diagnóstico médico.

A utilização dos BQ na biologia, na biotecnologia, na imagiologia biomédica (deteção ótica de certos tumores cancerosos) e na medicina é do interesse da comunidade científica em três disciplinas diferentes: física, química e medicina. No entanto, há ainda muito trabalho a fazer para desenvolver, otimizar e controlar adequadamente estas aplicações, uma vez que a investigação neste domínio está a dar os primeiros passos.

No entanto, a investigação neste domínio é muito ativa. É fácil imaginar que, para além das utilizações acima mencionadas, outras utilizações inesperadas, tirando partido das caraterísticas surpreendentes destes nano-objectos, deverão surgir no futuro.

V- Propriedades das bandas proibidas

EgA energia do intervalo de energia, assinalada em , é uma constante material que depende apenas da temperatura. A largura desta banda de energia define o material (semicondutor, isolante, condutor). Para os semicondutores, os desvios são da ordem de 1eV. EgOs isoladores são materiais com grandes lacunas, tipicamente >5eV à temperatura ambiente. Os metais caracterizam-se por um intervalo muito pequeno, quase = 0 eV (sem intervalo).

Existem dois tipos de lacunas:

> **Desvio direto:** se o mínimo da banda superior corresponder ao mesmo vetor de onda

que o máximo da banda inferior.

> **Hiato indireto:** o máximo da banda de valência não é oposto ao mínimo da banda de condução.

banda de condução (correspondem a diferentes vectores de onda k).

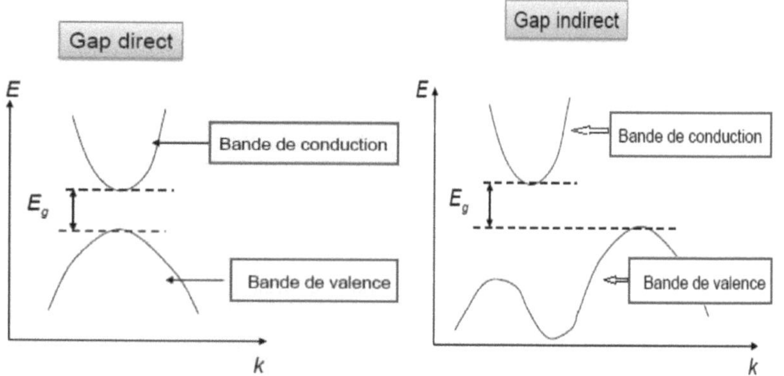

Figura 1.5: *Diagrama de uma lacuna direta e indireta.*

Alguns exemplos de faixas proibidas

A T=300 K, temos as seguintes lacunas:

- E_g(Si) =O silício (Si) é um semicondutor com um intervalo de banda de 1,12 eV.
- GaAsPara um semicondutor de arsénio e gálio de ( ), a energia de desvio da banda é E_g(GaAs) =energia de banda de 1,42 eV.
- O semicondutor de germânio (Ge) é caracterizado por uma energia de banda de E_g(Ge) =energia de 0,66 eV.

VI- Conceitos essenciais e aproximações

1- Aproximação Hartree-Fock

A aproximação Hartree-Fock consiste em substituir a interação de cada eletrão do átomo com todos os outros pela interação com um campo médio criado pelos núcleos e por todos os outros electrões. Por outras palavras, o eletrão move-se independentemente num campo médio criado pelos outros electrões e núcleos. Esta aproximação reduz, portanto, o problema de N corpos a um problema de um só eletrão.

2- A aproximação de Born-Oppenheimer

De acordo com Born-Oppenheimer (1927), a única forma de simplificar a complicação da resolução da equação estacionária de Schrödinger é estudar o movimento dos electrões e dos núcleos separadamente. Neste caso, o Hamiltoniano do sistema será dividido em duas partes, uma eletrónica e outra nuclear. Esta aproximação é baseada na aproximação adiabática de Born-Oppenheimer, que se baseia na grande diferença de massa entre os electrões e os núcleos [34].

Recorde-se que os núcleos são muito pesados em comparação com os electrões (cerca de 1836 vezes), o que permite que os electrões se movam mais rapidamente no cristal do que os núcleos, pelo que o movimento destes últimos é negligenciável. A sua energia cinética é então assumida como zero e a energia potencial de interação entre os núcleos torna-se constante [35]. Esta abordagem conduz a um Hamiltoniano que descreve o movimento dos electrões num campo criado por uma configuração estática de núcleos [36].

3- Aproximação da massa efectiva

Para uma descrição clássica da massa efectiva, apenas são tidas em conta as interações entre o eletrão e o seu ambiente. Em termos desta descrição, uma partícula que se move num cristal de dimensão finita está sujeita a duas forças; uma força externa Fi e outra **R** que representa a resultante de todas as forças de interação entre a partícula e o cristal. m_0Na mecânica clássica, a massa da partícula é descrita pelo princípio fundamental da dinâmica:

$$R + Fi = \frac{dp}{dt},\qquad(1.1)$$

$=m_0$com p v em que p é o momento da partícula, uma vez que a massa é constante (não depende do tempo), pelo que a equação (1) passa a ser :

$$R + F_i = m_0\gamma .\qquad(1.2)$$

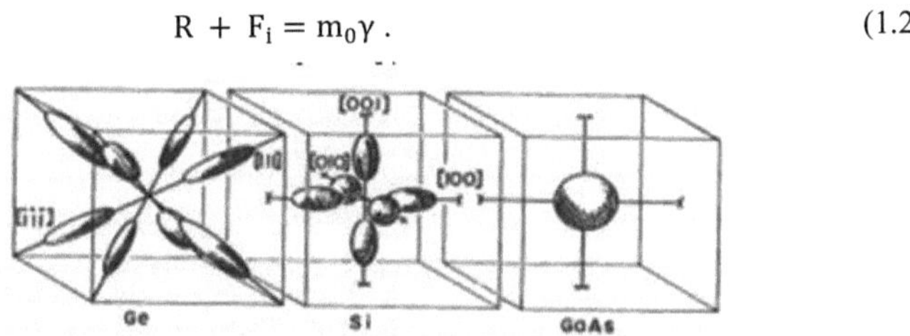

Figura 1. 6: Superfícies E(k) = constante para a banda de condução de Ge, Si e GaAs na aproximação da massa efectiva.

m*Introduzimos uma partícula fictícia de massa (apenas a força externa intervém) e cujo estado permanece idêntico ao da partícula real (aceleração, energia). Num cristal, a massa do eletrão é definida por :

$$\left(\frac{1}{m^*}\right)_{i,j} = \frac{1}{\hbar^2}\frac{\partial^2 E}{\partial k_i\,\partial k_j}. \tag{1.3}$$

Para um cristal tridimensional, o resultado já não é trivial e assume a forma de um tensor de nove componentes [37]. m^*É denotado por , e o caso isotrópico significa que E(k) tem um comportamento parabólico. As superfícies de energia constante são então elipsóides centradas nos extremos da zona. A massa efectiva é isotrópica para os semicondutores de hiato direto, mas para os semicondutores de hiato indireto podemos definir duas componentes, uma longitudinal e outra transversal em todas as direcções do espaço.

A falta de um único eletrão resulta numa condução resultante do movimento dos N-1 electrões que é equivalente ao de uma única partícula positiva (buraco) com uma velocidade igual à do eletrão em falta. Este não é o caso de uma banda de valência completamente preenchida (sem transporte). GaAs et CdTeA **tabela 1.1** apresenta os diferentes valores das massas efectivas dos portadores de carga e da energia de hiato dos materiais, que são geralmente obtidos por ressonância ciclotrónica.

materiais	E_g(eV)	m_e( )m_0	$m_{lh}m_0$	$m_{hh}m_0$	Ref.
GaAs	1.424	0.0665	0.094	0.34	[38,39]
CdTe	1.606	0.098	0.11	0.662	[40,41]

Tabela 1.1: Energia de lacuna e massas efectivas dos portadores de carga (eletrão e buraco)
em alguns materiais.
eletrão e buraco) em alguns materiais.

$\vec{k}.\vec{p}$ A aproximação da massa efectiva (método de uma banda) permite ter em conta as interações entre as diferentes bandas de energia até à primeira ordem. Permite assim acrescentar uma perturbação ao potencial Hartree-Fock efetivo, qualquer que seja a sua origem (campo elétrico, campo magnético, heterogeneidade do material). Este formalismo fornece essencialmente informações qualitativas e as bandas só são parabólicas perto do centro da zona de Brillouin (k=0). InAs ou InSb A validade deste modelo está, portanto, limitada a uma fração da zona de Brillouin (alguns por cento) em certos materiais, como por exemplo [42]. Uma das principais vantagens desta teoria é o facto de poder ser adaptada a uma variedade de situações físicas.

4- Aproximação da massa efectiva para uma banda não degenerada

A equação de Hartree Fock de um eletrão pode ser escrita na aproximação de Born Oppenheimer [34] como :

$$H_{HF}\varphi_{\lambda i}(\xi) = \epsilon_i \varphi_{\lambda i}(\xi) \tag{1.4}$$

onde H_{HF} é escrito como a soma do operador que descreve a cinética do eletrão e o potencial efetivo que contém as interações colombianas eletrão-ião e eletrão-eletrão e a troca eletrão-ião, sob as condições impostas pela periodicidade da rede.

$$H_{HF} = -\frac{\hbar^2}{2m}\Delta + V_{eff}. \tag{1.5}$$

$\lambda_i \varphi_{n,k}(r)$Na equação (1.4), os representam os índices de banda, com efeitos de spin desprezados, as funções respeitando o teorema de Bloch, ou seja, :

$$\varphi_{n,K}(r) = \exp(ikr)U_{n,K}(r). \tag{1.6}$$

A periodicidade da rede permite-nos escrever :

$$U_{n,K}(r + R_L) = U_{n,K}(r) \tag{1.7}$$

$R_L$em que é o vetor direto da rede.

Tendo em conta a interação spin-órbita [43], o Hamiltoniano é transformado da seguinte forma

$$H_{eff} = -\frac{\hbar^2}{2m_e^*}\Delta + V_{eff}(r) + \left(\frac{1}{2m_e^* c}\right)^2 \sigma \wedge \mathrm{grad} V_{eff}(r).\, p, \tag{1.8}$$

σonde é o operador de spin e c é a velocidade da luz.

$U(r)$A adição de um termo de perturbação à equação Hartree Fock efectiva conduz a uma equação da forma :

$$\{H_{HF} + U(r)\}\psi(r) = E\psi(r). \tag{1.9}$$

ψ H_{HF} A função própria do Hamiltoniano perturbado pode ser desenvolvida numa base que consiste nas funções próprias e nos valores próprios de :

$$\psi(r) = \sum_{n,k} \chi_n(k)\varphi_{n,k}(r). \tag{1.10}$$

$\psi(r)$Utilizando a expressão para na equação (1.8), obtemos a seguinte expressão:

$$(\varepsilon_n(k) - E)\chi_n(k) + \sum_{n',k'} < \varphi_{n,k}(r)|U(r)| \varphi_{n',k'}(r) > \chi_{n'}(k') = 0. \tag{1.11}$$

O elemento da matriz do potencial de perturbação pode ser escrito como :

$$< \varphi_{n,k}(r)|U(r)|\varphi_{n',k'}(r) > = \int \exp(i(k - k')r)\, U_{n,k}^*(r)U_{n',k'}(r)U(r)\, d^3r, \tag{1.12}$$

$U_{n,k}^* U_{n',k'}$o termo pode ser desenvolvido como uma série de Fourier:

$$U_{n,k}^*(r)U_{n',k'}(r) = \frac{1}{(2\pi)^3}\sum_k C(nl, n'k', K)\exp(ikr), \qquad (1.13)$$

em que K é um vetor da rede recíproca. A equação (1.11) pode ser escrita da seguinte forma:

$$< \varphi_{n,k}(r)|U(r)|\varphi_{n',k'}(r) > = \sum_k \bar{U}(k - k' + K)C(nl, n'k', K). \qquad (1.14)$$

$\bar{U}(K)$ A variação lenta da função $U(r)$ implica uma transformada de Fourrier que contém apenas os termos de baixa frequência espacial. Como resultado, o estudo limita-se a estados próximos do topo da banda de valência ou do fundo da banda de condução, localizados em K = 0 (gap direto). Os elementos da matriz do potencial tornam-se então:

$$< \varphi_{n,k}(r)|U(r)|\varphi_{n',k'}(r) > = \bar{U}(k - k')C(nk, n'k', 0). \qquad (1.15)$$

$k.p$ $[43 U_{n,k}(r)$ Seguindo o desenvolvimento numa base constituída pelas funções e autovalores de H_{HF} com a teoria das perturbações], as expressões aproximadas das funções e da energia En(k) são escritas como se segue:

$$U_{n,k}(r) = U_{n,0}(0) + \frac{\hbar}{m}\sum_{p\neq n}\frac{Kp_{pn}}{E_n(0)-E_p(0)}U_{p,0}(r), \qquad (1.16)$$

$$E_n(K) = E_n(0) + \frac{\hbar^2}{2m}\sum_{\mu\nu}\frac{m}{m_{\mu\nu}^*}K_\mu K_\nu , \qquad (1.17)$$

$\mu, \nu m_{\mu\nu}^*$ com correspondendo às direcções x, y, z e é o tensor de massa efetivo escrito como :

$$\frac{m}{m_{\mu\nu}^*} = \delta_{\mu\nu} + \frac{2}{m}\sum_{p\neq n}\frac{p_{np}^\mu p_{pn}^\nu}{\varepsilon_n(0)-\varepsilon_p(o)}. \qquad (1.18)$$

$p_{pn}^\mu p^\mu$ Onde representa o elemento da matriz do componente do impulso:

$$p_{pn}^\mu = < \varphi_{n,0}(r)|p_\mu|\varphi_{p,0}(r) >. \qquad (1.19)$$

Uma vez que estamos a lidar com uma banda não degenerada, apenas os termos diagonais são diferentes de zero e a relação de dispersão (1.16) torna-se :

$$E_n(K) = E_n(0) + \frac{\hbar^2}{2m}\sum_{\mu\nu} K^2. \qquad (1.20)$$

$\chi_{n(k)}$ Sendo F(r) a transformada de Fourier de , é uma solução da equação da massa efectiva descrita na teoria das impurezas pela fórmula :

$$\left[-\frac{\hbar^2}{2m}\Delta + U(r)\right]F(r) = [E - \varepsilon_n(0)]F(r) . \qquad (1.21)$$

$\psi(r)$Com a ajuda de algumas transformações, encontramos a equação da massa efectiva que é habitual na teoria das impurezas, sob a forma de uma relação entre a função de onda e a função de envelope :

$$\psi(r) = F(r)U_{n,0}(r) + \frac{1}{m}\sum_{p \neq n} \frac{-i\nabla F(r)p_{pn}}{\varepsilon_n(o)-\varepsilon_p(0)} U_{p,0}(r).$$

(1.22)

5- Método variacional

O principal trabalho sobre o estudo de excitons em QBs é devido a Bryant (Bryant 1987, 1988) [44,45]. $\hat{H}$No caso de um potencial de confinamento infinito, Bryant utilizou um método variacional para determinar o estado fundamental do operador para excitões confinados. O resultado é muito simples mas muito útil em muitos problemas de física quântica em que é impossível conhecer a solução exacta.

$\hat{H}$A energia fundamental do operador é dada por :

$$E_0 = \min_{\phi \in \mathcal{H},\phi \neq 0} \frac{\langle \phi|\hat{H}|\phi \rangle}{\langle \phi|\phi \rangle},$$

(1.23)

E_0ou seja, é o mínimo da energia média obtida em todos os estados quânticos possíveis.

$\hat{H}$Se o espetro de é : $\hat{H}|\psi_n\rangle = E_n|\psi_n\rangle|\phi\rangle = \sum_n |\psi_n\rangle\langle\psi_n|\phi\rangle$então temos e $E_{(0)} \leq E_n$,

$$\langle\phi|\hat{H}|\phi\rangle = \sum_n E_n|\langle\phi|\psi_n\rangle|^2 \geq E_0 \sum_n|\langle\phi|\psi_n\rangle|^2 = E_0\langle\phi|\phi\rangle$$Por conseguinte: , (1.24)

$$E_0 \leq \frac{\langle\phi|\hat{H}|\phi\rangle}{\langle\phi|\phi\rangle}$$Portanto . $\phi = \psi_0$No caso do estado fundamental , temos uma igualdade.

$|\phi_{\alpha,\gamma}\rangle$ α,γEscolhemos uma família de estados quânticos designada por família de teste, em função dos parâmetros .

$$E_{\alpha,\gamma} = \frac{\langle\phi|\hat{H}|\phi\rangle}{\langle\phi|\phi\rangle}$$ $\alpha,\gamma E_{\alpha,\gamma}$Calculamos e procuramos os valores que são mínimos.

VII- Efeito do confinamento

Os portadores de carga podem ser associados ao seu comprimento de Broglie, dado pela expressão :

$$\lambda_{deB} = \frac{h}{\sqrt{2\pi m^* k_B T}} \; .$$

(1.25)

Nos semicondutores, os comprimentos de onda de de Broglie para os electrões à temperatura do hélio líquido (4 K) são tipicamente de dezenas de nanómetros. Se uma ou mais dimensões da estrutura forem comparáveis a este valor, ocorre o confinamento espacial, modificando os níveis de energia e a densidade dos estados electrónicos. $\sqrt{E}$Nos semicondutores a granel, a densidade de estados é proporcional a . Num poço quântico, os portadores estão confinados numa direção e a densidade de estados é independente da energia de cada banda confinada. $\frac{1}{\sqrt{E}}$Num fio quântico, os portadores estão confinados em duas direcções espaciais e a densidade de estados é proporcional a . Finalmente, no caso em que o confinamento ocorre nas três direcções espaciais, os níveis de energia são completamente discretizados. *A Figura 1.7* mostra a densidade de níveis electrónicos para as estruturas 3D (semicondutor), 2D (poço quântico), 1D (fio quântico) e 0D (caixa quântica).

As estruturas de banda dos QBs podem ser representadas por um dos seguintes modelos: um potencial cúbico (confinamento por barreiras finitas ou infinitas ao longo dos três eixos do espaço), uma barreira esférica ou um potencial harmónico. xOyUma abordagem comummente utilizada consiste em aproximar o confinamento ao longo do eixo de crescimento de Oz com um poço quântico e considerar o primeiro estado confinado; em seguida, o confinamento no plano é modelado por um potencial parabólico. As soluções para os níveis de energia são designadas de forma semelhante aos níveis de energia do eletrão num átomo. O resultado do cálculo dos estados próprios e das energias próprias depende do modelo escolhido, mas a introdução de um confinamento espacial tridimensional tem sempre as seguintes consequências: a densidade de estados assume a forma de uma série de picos de Dirac (discretização da densidade de estados), o fosso efetivo aumenta e a força oscilatória associada à recombinação radiativa aumenta.

Na prática, a criação de estruturas confinadas envolve o crescimento de camadas de semicondutores com diferentes energias de gap. Isto permite criar heteroestruturas em que as variações na estrutura das bandas (de condução e de valência) conduzem à formação de barreiras de confinamento. O tamanho da caixa e a altura das barreiras definem o número de estados confinados na caixa. GaAs/AlGaAs AlGaAs GaAs*A Figura 1.8* mostra a secção transversal lateral de um QB feito de e camadas. As energias de compensação para a banda de valência e para a banda de condução são de 28% e 72%, respetivamente [46].

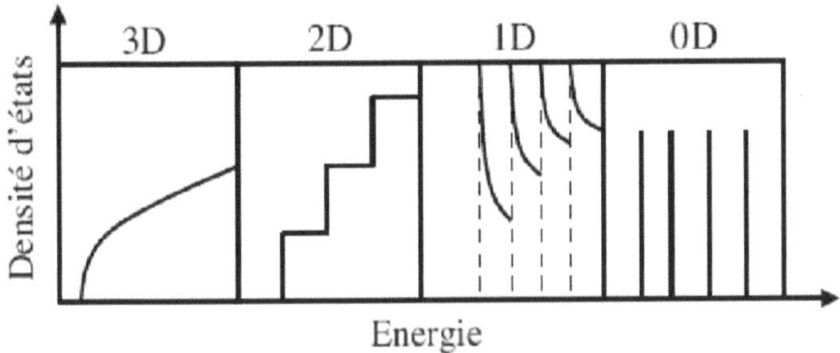

Figura 1.7: Densidade de estados electrónicos em estruturas confinadas.

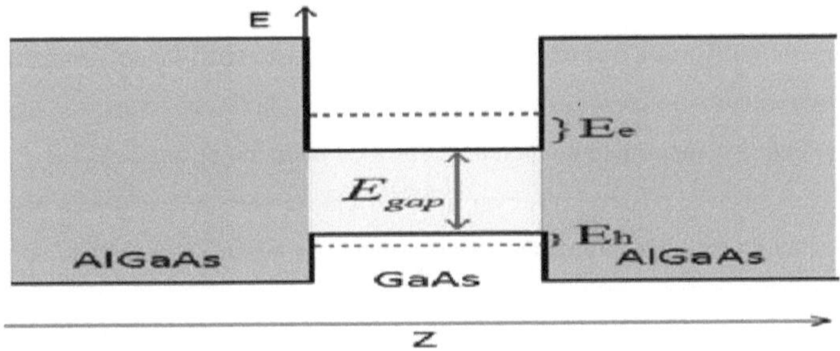

GaAs/AlGaAsFigura 1.8: estrutura de banda de uma caixa quântica.

$E_e + E_h + E_g E_e E_h E_g$ As energias de transição podem então ser apresentadas como a soma ou e são as energias próprias da banda de condução e da banda de valência, é a energia de hiato. GaAs /GaAlAs InAs/GaAs InAs/GaAs GaAs /GaAlAsNote-se também que a forma do poço é diferente para as caixas , e . As tensões presentes nas estruturas, e desprezáveis nos sistemas, distorcem o potencial, e a estrutura de bandas final tem uma forma semelhante à calculada na Ref. [47].

Γ GaAsNa ausência de efeitos de deformação, ambas as bandas de valência (LH e HH) são degeneradas no ponto em semicondutores como o . O confinamento quântico elimina a degenerescência entre os estados de buraco pesado e buraco leve, e a energia de banda dos buracos leves diminui em relação à dos buracos pesados.

1- Efeito do tamanho da caixa quântica

O tamanho da BQ é um dos parâmetros mais importantes a controlar para obter propriedades electrónicas suficientemente precisas para as várias aplicações. O seu tamanho deve ser inferior ao comprimento de onda térmico de De Broglie para garantir a separação dos níveis de energia dos BQs.

2- Efeito da pressão e da temperatura

A pressão do elemento V tem uma grande influência na qualidade do cristal, especialmente a baixas temperaturas. Um aumento da quantidade de elementos V presentes na superfície reduz a mobilidade dos vários elementos III. Além disso, a baixas temperaturas há um excesso de incorporação de arsénio na matriz. Estes dois fenómenos podem levar a um aumento da rugosidade da superfície.

A temperatura da rede é também um fator que pode afetar o espetro de emissão das latas. Observamos um desvio para o vermelho na linha de emissão, que segue essencialmente o comportamento da temperatura do intervalo de banda [48].

Em alguns casos, é possível observar uma correlação entre o desvio para o vermelho (para T < 100 K) da linha de emissão e uma redução da largura da linha não homogénea [49]. Estas observações reflectem uma transferência de carga para caixas maiores (com níveis de energia mais baixos). A temperaturas mais elevadas, o desvio da linha torna-se mais pronunciado e a largura da linha aumenta porque a dispersão portador-fonão e a distribuição térmica dos portadores se tornam importantes [50].

$E_g(P, T)$GaAs ΓPor definição, é o intervalo de banda que depende da pressão e da temperatura no centro da zona de Brillouin. Pode ser expresso da seguinte forma [51, 52]:

$$E_g(P, T) = 1.519 - \frac{5.4 \times 10^{-4} T^2}{T + 204} + 0.01261\, P + 3.77 \times 10^{-5} P^2. \qquad (1.26)$$

3- Ligas

Assim, é possível formar um sólido dito ternário ou quaternário através da mistura de dois ou três semicondutores III-V. No entanto, a estrutura desta liga não é a de um cristal perfeito, devido à distribuição aleatória dos átomos em cada sítio da estrutura da zinco-blenda, o que impede, nomeadamente, a propriedade de invariância por translação.

Para descrever os estados electrónicos da liga, utiliza-se frequentemente a aproximação do cristal virtual, em que o potencial aperiódico é substituído por um potencial médio. $AB_{1-x}C_x$ Por exemplo, se considerarmos um sólido , o átomo A ocupa os sítios da primeira sub-rede cúbica de face centrada (FCC) da estrutura zinco-blenda, e os átomos B e C ocupam aleatoriamente os sítios da segunda sub-rede FCC. O potencial aleatório criado por B(VB) e C(VC) será substituído por um potencial periódico cujo valor é dado por uma interpolação linear entre VB e VC :

$$\langle V \rangle = V_A + x.V_c + (1-x).)\ V_B, (1.27)$$

em que x é a concentração de C no cristal.

A invariância translacional é restaurada e as propriedades de simetria da estrutura de zinco blenda são restauradas.

4- Fotoluminescência

A fotoluminescência é um processo de emissão de fotões causado pela excitação da luz. Nos semicondutores, esta fotoluminescência tem origem num mecanismo de relaxação radiativa de um eletrão de condução para um estado vazio na banda de valência. Este mecanismo é também interpretado como a recombinação radiativa de um par eletrão-buraco, que emite um fotão cuja energia corresponde à energia de transição. Esta energia é superior à energia de gap do semicondutor BQ e permite aceder às energias de confinamento. Esta técnica experimental pode ser utilizada para estudar as propriedades electrónicas de nanoestruturas semicondutoras. Requer que os electrões sejam excitados para a banda de condução utilizando uma excitação luminosa adequada.

Conclusão

Neste capítulo, fazemos uma introdução ao tema das nanoestruturas e das suas propriedades, seguida de uma breve descrição dos métodos mais conhecidos para as construir. Em seguida, recordamos os métodos utilizados para estudar as nanoestruturas, nomeadamente a teoria de Hartree fock, a aproximação de Born-Oppenheimer, o princípio variacional e a teoria da massa efectiva numa banda não degenerada. Cada método descrito é adaptado a cada situação específica em função das propriedades físicas que se pretendem calcular. No entanto, o método variacional continua a ser um método simples que tem demonstrado os seus méritos, a julgar pelo volume de trabalhos publicados utilizando esta teoria.

Para estudar as propriedades dos excitões e dos triões nas BQs, estamos sobretudo interessados em caixas cilíndricas. Esta escolha baseia-se no facto de esta geometria ser mais interessante em termos de aplicações do que as outras.

Bibliografia

[1]Dallesasse, J. M., Holonyak Jr, N., Sugg, A. R., Richard, T. A., e El-Zein, N. *Applied Physics Letters*, 57(1990)2844-2846.

[2]Qian, F., Li, Y., Gradečak, S., Park, H. G., Dong, Y., Ding, Y.,Lieber, C. M. *Nature materials*, 7(2008) 701.

[3]Tiutiunnyk, A., Duque, C. A.a e Mora-Ramos, M. E. *Optical and Quantum Electronics*, 50(2018)234.

[4]J. E. Davey e T. Pankey,J. *Physics,* 39 (1968) 1941.

[5]A. Y. Cho, *J. Appl Phys*, 42 (1971) 2074.

[6]El Hadi, El Moussaouy, Nougaoui, Bria, *jmaterenvironsci*, 8 (2017) 911-920.

[7]A. El Moussaouy, D. Bria, A. Nougaoui, *SolarEnergyMaterials&SolarCells90* (2006) 1403-1412.

[8]L. Pfeiffer, Wand K. W., Stormer H, L. *Appl. Phys. Lett.* 56 (1990) 1697-1699.

[9]O. Ambacher, J. Majewski, C. Miskys, A. Link, M. Hermann, M. Eickhoff,M. Stutzmann, F. Bernardini, V. Fiorentini, V. Tilak, B. Schaff, e L. F. Eastman,*Journal ofPhysics: Condensed Matter*, 14 (2002) 3399.

[10]G. Koley e M. G. Spencer, *Applied Physics Letters*, vol. 86 (2005) 042107.

[11]D. Dumka, C. Lee, H. Tserng, P. Saunier, e M. Kumar, *Electronics Letters*, 40(2004) 1023-1024.

[12]J. Johnson, E. Piner, A. Vescan, R. Therrien, P. Rajagopal, J. Roberts, J. Brown,S. Singhal, e K. Linthicum, *Electron Device Letters, IEEE*, 25 (2004) 459-461.

[13]Javaux, C. Étude de la réduction du phénomène de clignotement dans les nanocristaux semi-conducteurs de CdSe/CdS à coque épaisse (Doctoral dissertation, Université Pierre et Marie Curie-Paris VI).(2012).

[14]Esaki, L., e Tsu, R. *IBM Journal of Research and Development*, 14(1970) 61-65.

[15]Bastard, Gerald. "Wavemechanicsapplied to semiconductorheterostructures". (1990).

[16]Assaid, E. M. (1995). Etude des propriétés électriques et optiques des complexes (D+, X) dans les microcristallites de semi-conducteur de forme sphérique (Doctoral dissertation, Metz).

[17]Le Goff, S., e Stébé, B. *Journal of Physics B: Atomic, Molecular and Optical Physics*, 25(1992) 5261.

[18]Tsu, R., e Esaki, L. *Applied Physics Letters*, 22(1973) 562-564.

[19] Ekimov, A. I., eOnushchenko, A. A. *Jetp Lett*, 34(1981) 345-349.

[20]Brus, L. E. *The Journal of chemical physics*, 79(1983)5566-5571.

[21]Brus, L. E. *The Journal of chemical physics*, 80(1984) 4403-4409.

[22] Walter, P., Welcomme, E., Hallégot, P., Zaluzec, N. J., Deeb, C., Castaing, J., andTsoucaris, G. *Nano letters*, 6(2006) 2215-2219.

[23]Ekimov, A. I., eOnushchenko, A. A. *Jetp Lett*, 40(1984) 1136-1139.

[24]Ekimov, A. I., &Onushchenko, A. A. *Soviet Physics Semiconductors-Ussr*, 16(1982)775-778.

[25] Alfassi, Z., Bahnemann, D., &Henglein, A. *The Journal of Physical Chemistry*, 86(1982)4656-4657.

[26] Ekimov, A. I. (1985). AI Ekimov, Al. L. Efros e AA Onushchenko, *Solid State Commun.* 56, (1985) 921-924.

[27]Brus, L. E. Journal of Luminescence, 31 (1984)381-384.

[28]Efros, A. L., andEfros, A. L. *Soviet Physics Semiconductors-Ussr*, 16(1982) 772-775.

[29]Murray, C., Norris, D. J., andBawendi, M. G. *Journal of the American Chemical Society*, 115 (1993)8706-8715.

[30]Jensen, P. *La Recherche*, 283(1996)42-47.

[31]Goldstein, L., Glas, F., Marzin, J. Y., Charasse, M. N., e Le Roux, G. *Applied Physics Letters*, 47 (1985)1099-1101.

[32]Peng, X., Wickham, J., andAlivisatos, A. P. *Journal of the American Chemical Society*, 120(1998)5343-5344.

[33]Smith, A. M., andNie, S. *Accounts of chemical research*, 43(2009)190-200.

[34]Born, M., & Oppenheimer, R. *Annalen der physik*, 389(1927) 457-484.

[35] Parr, R. G. W. Yang. "Teoria funcional da densidade de átomos e moléculas". (1989).

[36]Kohn, W. *Reviews of Modern Physics*, 71(1999)1253.

[37]Chelikowsky, J. R., & Cohen, M. L. *Physical Review B*, 14(1976) 556.

[38]Le Goff, S., e Stébé, B. *Physical Review B*, 47(1993)1383.

[39]Susa, N. *IEEE journal of quantum electronics*, 32(1996) 1760-1766.

[40]Deleporte, E., Berroir, J. M., Delalande, C., Magnea, N., Mariette, H., Allegre, J., e Calatayud, J. *Physical Review B*, 45(1992)6305.

[41]Zheng, R., Matsuura, M., e Taguchi, T. *Physical Review B*, 61(2000) 9960.

[42]Boujdaria, K., Ridene, S., e Fishman, G. Luttinger-like parameter calculations. *Physical Review B*, 63(2001) 235302.

[43]C. Kittel, "Quantum theory of solids", Dunod. (1967).

[44]Bryant, G. W. *Physical Review Letters*, 59(1987) 1140.

[45]Bryant, G. W. *Physical Review B*, 37(1988) 8763.

[46]Saxena, A. K. *Solid state communications*, 113 (1999) 201-206.

[47]Pryor, C. *Physical Review B,* 57(1998) 7190.

[48]Brusaferri, L., Sanguinetti, S., Grilli, E., Guzzi, M., Bignazzi, A., Bogani, F.,andFranchi, S.*Applied physics letters,* 69(1996)3354-3356.

[49]Lobo, C., Perret, N., Morris, D., Zou, J., Cockayne, D. J. H., Johnston, M. B., e Leon, R. *Physical Review B*, 62(2000)2737.

[50]Xu, Z. Y., Lu, Z. D., Yang, X. P., Yuan, Z. L., Zheng, B. Z., Xu, J. Z., e Chang, L. L.. *Physical Review B*, 54(1996) 11528.

[51]El-Yadri, M., Aghoutane, N., Feddi, E., andDujardin, F. *Superlattices and Microstructures,* 102(2017)382-390.

[52]López, S. Y., Porras-Montenegro, N., & Duque, C. A. physica status solidi (b), 246(2009) 630-634.

CAPÍTULO 2: ESTUDO DOS EFEITOS DA TEMPERATURA E DA PRESSÃO NOS ESTADOS EXCITÓNICOS DE UMA CAIXA QUÂNTICA CILÍNDRICA DE POTENCIAL DE CONFINAMENTO FINITO

I-Introdução

O desenvolvimento de heteroestruturas em materiais semicondutores permitiu ilustrar claramente certos conceitos da mecânica quântica, como o confinamento e a quantização dos níveis de energia. Os progressos das técnicas de crescimento permitiram produzir diferentes formas de nanoestruturas semicondutoras (poços, fios e caixas quânticas) de modo a confinar os portadores numa, duas ou três direcções no espaço.

As BQs são de grande importância devido ao facto de o movimento dos portadores de carga estar confinado a três dimensões do espaço, o que nos conduz a novas propriedades e fenómenos electrónicos com vastas aplicações potenciais em optoelectrónica [1-4]. Tem-se dedicado também trabalho teórico e experimental à compreensão qualitativa das propriedades dos excitões e impurezas em poços quânticos, pontos quânticos e BQs [5-10].

Num semicondutor, um par eletrão-buraco pode ser criado pela absorção de um fotão cuja energia é superior à largura do intervalo de banda. $10^{-9}\ s\ et 10^{-3}\ s$Este par pode reduzir a sua energia ligando-se para formar um estado estável chamado excitão com um tempo de vida entre . O par assim formado pode deslocar-se no cristal transportando a energia de excitação mas sem carga. Existem duas aproximações limite diferentes para o excitão. Uma é devida a Frenkel (1931), que considera que o buraco e o eletrão estão intimamente ligados, pelo que se diz que o excitão está localizado. A outra é a de Mott e Wannier (1937) para quem a ligação é fraca e a distância entre o eletrão e o buraco é grande em relação ao parâmetro cristalino; neste caso, o excitão estende-se por vários sítios atómicos. No entanto, existe um caso intermédio, que se encontra nos cristais moleculares orgânicos, em que a distância entre o eletrão e o buraco é uma ou duas vezes superior à distância intermolecular do vizinho mais próximo; este excitão é designado por excitão de transferência de carga. Outra forma de descrever um excitão é vê-lo como uma onda de polarização neutra no material.

As propriedades excitónicas em nanoestruturas quânticas têm sido intensamente estudadas nos últimos tempos devido à sua grande importância na física fundamental e aplicada. Entre estas nanoestruturas, os QDs são poços tridimensionais que podem aprisionar electrões e buracos, resultando em níveis de energia quantizados. A densidade de estados é semelhante a uma função gama e a função de onda das partículas está localizada no interior da caixa. Por conseguinte, os excitões desempenham um papel fundamental nas propriedades ópticas e a sua estabilidade é importante para os dispositivos que exigem esta caraterística.

Está bem estabelecido que o confinamento de excitões em BQs produz um efeito excitónico melhorado, que pode ser explorado em aplicações relacionadas com novos dispositivos optoelectrónicos. A energia de ligação dos excitões aumenta com a diminuição das dimensões da BQ até atingir um máximo numa largura crítica, diminuindo depois. Este facto implica a existência de um limite crítico de confinamento para o qual o efeito do confinamento quântico é grande. Tem havido um interesse crescente no tema dos estados de excitões confinados em várias nanoestruturas [11-19]. A razão por detrás deste interesse reside na possível simplificação dos pesados cálculos envolvidos no estudo das energias de ligação dos excitões em estruturas quânticas como os sistemas QB. Uma energia de ligação elevada permite que os estados excitónicos se tornem estáveis. Esta estabilidade permite explorar os excitões em várias aplicações, mesmo à temperatura ambiente. Com o objetivo de melhorar as propriedades físicas dos excitões e das impurezas em QBs, mesmo à temperatura ambiente, vários estudos investigaram o efeito da pressão e da temperatura sobre os excitões em nanoestruturas [20-24].

$GaAs/Ga_{1-x}Al_xAs$Raigoza et al [20] estudaram os efeitos da pressão hidrostática nos estados excitónicos do semicondutor e mostraram uma boa concordância com a experiência. $GaAs/Ga_{1-x}Al_xAs$Os estados excitónicos no sistema de base sob a influência de um campo elétrico e pressão hidrostática foram também investigados neste trabalho. GaAs GaAl AsOyoko et al [22] estudaram as impurezas do dador em BQs em forma de paralelepípedo de - ( ) e verificaram que a energia de ligação do dador aumenta com a pressão e diminui com o tamanho do BQ. $GaAs/Ga_{0.7}Al_{0.3}As$Kasapoglu [23] examinou os efeitos combinados da pressão hidrostática e da temperatura sobre as energias de ligação das impurezas dadoras no poço quântico duplo baseado em . Mostraram que um aumento da temperatura dá origem a uma diminuição da energia de ligação da impureza dadora, enquanto uma diminuição da pressão isotérmica melhora a energia de ligação. $GaAs$Mais recentemente, Duque et al [24] estudaram os efeitos combinados da correlação eletrão-buraco, da pressão hidrostática e da temperatura na geração do terceiro harmónico em BQs parabólicos de discos, utilizando o formalismo da matriz de densidade e a aproximação da massa efectiva.

Neste capítulo, examinámos o efeito combinado da temperatura e da pressão no espetro de energia excitónica num QB de geometria cilíndrica. $GaAs$ $Ga_{1-x}Al_xAs$Para obter resultados qualitativos como solução para este problema, adoptámos a abordagem variacional no nosso cálculo, introduzindo a aproximação da massa efectiva para obter a energia do estado fundamental, bem como a energia de ligação do material embebido noutro material de barreira de . Escolhemos o potencial de confinamento excitónico como sendo um potencial finito. É-nos pedido que resolvamos teoricamente a equação de Schrödinger do sistema. Em seguida, apresentamos o modelo teórico e os resultados de um cálculo numérico, acompanhados de uma discussão pormenorizada.

II-Cálculo variacional da energia de ligação do excitão

1-Estados de uma só partícula

Consideremos um excitão confinado num QB cilíndrico de raio R e altura H, embebido num outro semicondutor de barreira de maior largura de fenda. No âmbito das aproximações de potencial de confinamento finito, assumimos que os desvios de banda dos dois materiais são suficientemente pequenos para que a aproximação da função envelope possa ser utilizada num modelo de duas bandas da massa efectiva. O Hamiltoniano efetivo de uma só partícula tem a expressão :

$$H = -\frac{\hbar^2}{2m_i^*}\nabla_i^2 + V_\omega^i(r_i) \qquad pour\ (i = e, h), \qquad (2.1)$$

m_e^* et m_h^*, $V_\omega^e V_\omega^h$ onde são as massas efectivas do eletrão e do buraco, respetivamente. e são os potenciais de confinamento quântico do eletrão e do buraco, respetivamente, resultantes do desfasamento entre as bandas dos dois semicondutores:

$$V_w^i = \begin{cases} 0 & à\ l'intérieure\ de\ la\ boite \\ v^i & à\ l'extérieure de\ la\ boite \end{cases} . \qquad (2.2)$$

$z_e z_h \rho_e \rho_h$ Escolhemos e como as coordenadas do eletrão e do buraco ao longo do eixo z, escolhidas de acordo com o eixo de simetria da revolução do cilindro, enquanto e são as coordenadas polares do eletrão e do buraco num plano perpendicular ao eixo do cilindro. Esta parametrização permite que o potencial de confinamento seja expresso analiticamente como :

$$V_w^i \rho_i, z_i V_i \theta[\rho_i - R]\theta\left[|z_i| - \frac{H}{2}\right] \quad (i = e, h) \qquad (\,)=,\ (2.3)$$

$V_\omega^e V_\omega^h$ θ onde e são, respetivamente, as alturas das barreiras de potencial relativas ao eletrão e ao buraco, e a função de salto de Heaviside.

f_i g_i construisent notre fonction d'essai, No caso que nos interessa aqui, em que coexistem confinamentos laterais e axiais, as funções e definidas por :

$$f_i(\rho_i) = \begin{cases} J_0\left(\theta_i \frac{\rho_i}{R}\right) & pour & \rho_i \leq R \\ A_i K_0(\beta_i \rho_i) & pour & \rho_i \geq R \end{cases} \quad (i = e, h). \qquad (2.4)$$

$$g_i(z_i)_{i=} \begin{cases} cos\left(\pi_i \frac{z_i}{H}\right) & si & |z_i| < \frac{H}{2} \\ B_i exp(-K_i|z_i|) & si & z_i \geq \frac{H}{2} \end{cases} \quad (i = e, h). \qquad (2.5)$$

Vamos reescrever o potencial de confinamento como :

$$V_\omega^i(r_e) = V_{w\rho}^i(\rho_i) + V_{wZ}^i(z_i) - \delta V_i(\rho_i, z_i), \qquad (2.6)$$

où $V_{w\rho}^i$ et V_{wZ}^i são, respetivamente, os potenciais de confinamento lateral e axial, enquanto

δV_i enquanto que é um termo corretor; são definidos por :

$$V_{w\rho}^i \rho_i V_i \theta(\rho_{\ i} R \quad (i = e, h). \qquad (\,)=-\,)\ (2.7)$$

$$V_{wz}^i z_i V_i \theta[|z_i| \frac{H}{2} (i = e, h). \qquad (\,)=-\,]\ (2.8)$$

$$\delta V_i(\rho_i, z_i) = \begin{cases} 0 & si\ \rho_i \leq R\ et |Z_i| \leq \frac{H}{2} \\ V_i & sinon \end{cases} \qquad . \ (2.9)$$

$-\delta V_i$ S e considerarmos um potencial de perturbação, a energia da partícula no estado fundamental pode ser aproximada por :

$$E_i = E_{i\rho} + E_{iz} - \langle \delta V_i \rangle$$

$$= \tau_i[(\theta_i/R)^2 + (\pi_i/H)^2] \frac{\langle f_i g_i | \delta V_i | f_i g_i \rangle}{\langle f_i g_i | f_i g_i \rangle} \qquad -.\ (2.10)$$

$d\hat{u} - \delta V_i$ Para cilindros grandes, o termo corretor em anula-se. No limite, a expressão (2.9) reduz-se à equação :

$$E_i = \tau_i[(\theta_i/R)^2 + (\pi_i/H)^2] \tag{2.11}$$

$$\text{avec} \qquad \tau_i = \frac{\hbar^2}{2m_i^*} \qquad (i = e, h). \tag{2.12}$$

2-Hamiltoniano efetivo do sistema

$GaAs/Ga_{1-x}Al_xAs$ xNa **Figura 2.1** mostramos o nosso modelo que consiste num QB de geometria cilíndrica baseado num material semicondutor do tipo com os seus potenciais de confinamento correspondentes a fracções molares de alumínio.

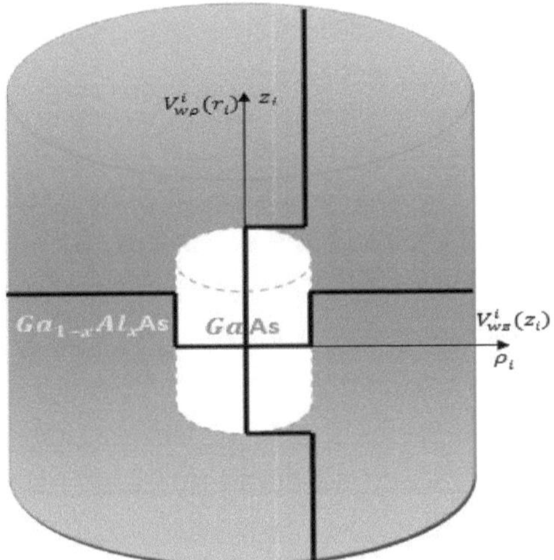

Figura 2.1 *Diagrama de um BQ cilíndrico com potencial de confinamento axial e lateral.*

Desprezaremos o acoplamento eletrão-fão, bem como a interação de troca eletrão-buraco. No caso de bandas parabólicas não degeneradas, o Hamiltoniano desse sistema, sob o efeito da pressão hidrostática externa P e da temperatura T, pode ser escrito da seguinte forma

$$H_{ex}(r_e, r_h, P, T) = -\frac{\hbar^2}{2m_e^*}\nabla_e^2 - \frac{\hbar^2}{2m_h^*}\nabla_h^2 - \frac{e^2}{\varepsilon_0(P,T)|r_e - r_h|} + V_\omega^e(r_e, P, T) + V_\omega^h(r_h, P, T),$$

$$(2.13)$$

m_e^* et m_h^*,e m que representam as massas efectivas do eletrão e do furo, respetivamente. $\varepsilon_0(P,T)$ $r_e = (\rho_e, z_e)$ $r_h = (\rho_h, z_h)$ z_e $z_h \rho_e \rho_h$ e a constante dieléctrica do material do recipiente sob o efeito da pressão e da temperatura. e representam as coordenadas espaciais do eletrão e do orifício em relação ao eixo z do cilindro, em que e são as coordenadas espaciais do eletrão e do orifício ao longo do eixo z, escolhidas de acordo com o eixo de simetria de revolução do cilindro, enquanto que e são as distâncias respectivas do eletrão e do orifício ao longo do eixo do cilindro.

$V_\omega^e(r_e, P, T)V_\omega^h(r_h, P, T)$ e são os potenciais de confinamento quântico do eletrão e do buraco, respetivamente.

$V_\omega^e(r_e, P, T)V_\omega^h(r_h, P, T)$ Os dois potenciais e são escritos :

$$V_\omega^i(r_i, P, T) = \begin{cases} 0 & si \ \rho_i \leq R \ et|Z_i| \leq d \\ V_i(p, t) & sinon \end{cases} \qquad (\ i=e,h) \ . \ (2.14)$$

$V_i(x, P, T)$A expressão é obtida a partir da dependência, em função da pressão e da temperatura, das descontinuidades nas duas bandas proibidas que constituem os materiais do poço e da barreira. [25]

$$V_e(x, P, T) = 0.658\Delta E_g(x, P, T), \qquad\qquad (2,15)$$

$$V_h(x, P, T) = 0.342\Delta E_g(x, P, T), \qquad\qquad (2.16)$$

onde

$$\Delta E_g(x, P, T) = \Delta E_g(x) - P(1.3 * 10^{-3})x - T(1.11 * 10^{-4})x, \quad (2.17)$$

com

$$\Delta E_g(x) = E_{g_{Ga(1-x)Al(x)As}}(x) - E_{g_{GaAs}}(x) = 1.155x + 0.37x^2. \quad (2.18)$$

$\frac{\varepsilon_0(0)}{\varepsilon_0(P,T)}\frac{e^2}{|r_e - r_h|}\varepsilon_0(0)\varepsilon_0(P,T)$A interação Coulombiana escreve-se como , onde e são respetivamente a constante dieléctrica sem e com pressão e temperatura, e é dada por [25-27] :

$$\varepsilon_0(P,T) =$$

$$\begin{cases} 12.7 \exp(-1.67 \times 10^{-3}P) \exp\left(9.4 \times 10^{-5}(T - 75.6)\right) \ for \ 0 \leq T \leq 200 \ K \\ 13.8 \exp(-1.73 \times 10^{-3}P) \exp\left(20.4 \times 10^{-5}(T - 300)\right) \ for \ T > 200 \ K \end{cases}$$

$$(2.19)$$

GaAs Γ Uma vez que a temperatura e a pressão são tensões externas, a largura da fenda do material depende destas duas tensões no centro da zona de Brillouin. Pode ser expressa pela seguinte relação [26- 28]:

$$E_g(P,T) = 1.519 - \frac{5.4\times10^{-4}T^2}{T+204} + 0.01261\,P + 3.77\times10^{-5}P^2.$$

$$(2.20)$$

É sabido que a pressão hidrostática tem um efeito considerável nas dimensões dos materiais sólidos. *Yu et Cardona* [29] mostraram que, em semicondutores de baixa dimensão, o tamanho das BQs também é afetado por efeitos de deformação. Mostraram que os volumes das caixas com e sem pressão estão relacionados com as constantes elásticas. Esta descrição pode ser generalizada independentemente da forma da nanoestrutura, assumindo que o raio da caixa segue a relação:

$$R(P) = R(0)[1 - (S_{11} - 2S_{12})P]^{1/3},\qquad(2.21)$$

$(P = 0)$ S_{11} S_{12} $C_{11}C_{12}$ R (0) é o raio livre de pressão . e são os parâmetros de conformidade ligados às constantes elásticas e pelas relações abaixo [30-32]:

$$S_{11} = \frac{c_{11}+c_{12}}{(c_{11}-c_{12})(c_{11}+c_{12})} \text{ e } . S_{12} = \frac{c_{12}}{(c_{11}-c_{12})(c_{11}+c_{12})}\qquad(2.22)$$

O Hamiltoniano efetivo pode ser simplificado utilizando o sistema de unidades atómicas. $a_{ex}^* = \frac{\varepsilon_0\hbar^2}{\mu e^2}$ $R_{ex}^* = \frac{\mu e^4}{2\varepsilon_0^2\hbar^2}$, Tomamos o raio de Bohr efetivo como unidade de comprimento e o Rydberg efetivo como unidade de energia, pelo que o Hamiltoniano efetivo é :

$$H_{eff} = -\frac{1}{1+\sigma}\frac{m_e^*}{m_e^*(P,T)}\left[\frac{\partial^2}{\partial\rho_e^2} + \frac{1}{\rho_e}\frac{\partial}{\partial\rho_e} + \frac{\rho_{eh}^2+\rho_e^2-\rho_h^2}{\rho_e\rho_{eh}}\frac{\partial^2}{\partial\rho_e\partial\rho_{eh}} + \frac{\partial^2}{\partial z_e^2}\right] - \frac{\sigma}{1+\sigma}\frac{m_h^*}{m_h^*(P,T)}\left[\frac{\partial^2}{\partial\rho_h^2} + \right.$$

$$\left.\frac{1}{\rho_h}\frac{\partial}{\partial\rho_h} + \frac{\rho_{eh}^2+\rho_h^2-\rho_e^2}{\rho_h\rho_{eh}}\frac{\partial^2}{\partial\rho_h\partial\rho_{eh}} + \frac{\partial^2}{\partial z_h^2}\right] - \left[\frac{\partial^2}{\partial\rho_{eh}^2} + \frac{1}{\rho_{eh}}\frac{\partial}{\partial\rho_{eh}}\right] - \frac{\varepsilon_0(0,300)}{\varepsilon_0(P,T)}\frac{2}{\sqrt{\rho_{eh}^2+(z_e-z_h)^2}} +$$

$$V_\omega^e(\rho_e,z_e,P,T) + V_\omega^h(\rho_h,z_h,P,T),$$

$$(2.23)$$

$\sigma = \frac{m_e^*}{m_h^*}$ onde é a razão entre as massas efectivas do eletrão e do buraco.

Função de onda 3-Excitónica

$\rho_i, \phi_i z_i \phi_i$ Em geral, podemos exprimir a função de envelope excitónico utilizando as seis coordenadas independentes ( ), onde é a componente angular da partícula *i* (eletrão ou buraco). No estado fundamental, o sistema é rotacionalmente invariante em relação ao eixo z, de modo que a dependência angular pode ser uma função da distância das projecções entre as posições do eletrão e do buraco no plano.

A função de onda excitónica dependente da pressão e da temperatura é escrita da seguinte forma [33] :

$$\psi_{ex}(\rho_e, \rho_h, z_e, P, T) = F_e(\rho_e, z_e, P, T)F_h(\rho_h, z_h, P, T)F_{eh}(\rho_{eh}, |z_e - z_h|), \quad (2.24)$$

com :

$$F_{eh}(\rho_{eh}, |z_e - z_h|) = exp(-\alpha\rho_{eh})\, exp\left[-\gamma(z_e - z_h)^{\frac{1}{2}}\right],$$

$$(2.25)$$

e

$$F_i(\rho_i, z_i, P, T) = f_i(\rho_i, P, T)g_i(, z_i, P, T), \quad (2.26)$$

$f_i(\rho_i, P, T)g_i(, z_i, P, T)$ em que e são obtidos resolvendo as duas equações de Schrödinger correspondentes às duas dimensões laterais e axiais seguintes:

$$\begin{cases} \left[-\dfrac{\hbar^2}{2m_i^*(P,T)}\nabla_i^2 + V_\omega^i(\rho_i, P, T)\right] f_i(\rho_i, P, T) = E_i(\rho_i, P, T)f_i(\rho_i, P, T) \\ \left[-\dfrac{\hbar^2}{2m_i^*(P,T)}\nabla_i^2 + V_\omega^i(z_i, P, T)\right] g_i(z_i, P, T) = E_i(z_i, P, T)g_i(\rho_i, P, T) \end{cases}.$$

$$(2.27)$$

As soluções deste sistema de equações diferenciais são da seguinte forma :

$$f_i(\rho_i, P, T) = \begin{cases} J_0\left(\theta_i \dfrac{\rho_i}{R}\right) & pour & \rho_i \leq R \\ A_i K_0(\beta_i \rho_i) & pour & \rho_i \geq R \end{cases} (i = e, h),$$

$$(2.28)$$

$$g_i(z_i, P, T) = \begin{cases} cos\left(\pi_i \dfrac{z_i}{H}\right) & si & |z_i| < \dfrac{H}{2} \\ B_i exp(-K_i|z_i|) & si & z_i \geq \dfrac{H}{2} \end{cases} (i = e, h)$$

$$(2.29)$$

$j_0 K_0$ em que e são funções de Bessel modificadas de ordem 0. $\theta_i(T, P)\pi_i(T, P), A_i(T, P)\, B_i(T, P)$ à $\rho_i = R|z_i| = \dfrac{H}{2}$ Os parâmetros , e são determinados a partir das condições de fronteira e . Na equação (2.13), α e γ são dois parâmetros variacionais introduzidos para ter em conta a anisotropia da caixa.

$K_{1i} = \sqrt{\dfrac{V_i}{\tau_i} - \left(\dfrac{\pi_i}{H}\right)^2}, \beta_i = \sqrt{\dfrac{V_i}{\tau_i} - \left(\dfrac{\theta_i}{R}\right)^2}$ são os vectores de onda axial e radial, respetivamente.

$\rho_i = R$ A continuidade da função de onda excitónica e a sua primeira derivada na interface , permite-nos escrever :

$$A_i = \frac{J_0(\theta_i)}{K_0(\beta_i R)} \frac{\theta_i J_1(\theta_i)}{J_0(\theta_i)} = \frac{\beta_i R K_i(\beta_i R)}{K_0(\beta_i R)} . \qquad (2.30)$$

$\pi_i B_i z_i = \frac{H}{2} D$ o mesmo modo, as constantes e , são determinadas pelas duas condições anteriores na interface :

$$B_i = \cos\left(\frac{\pi_i}{2}\right) / \exp\left(-\frac{K_i H}{2}\right) \qquad . (2.31)$$

$$\tan\left(\frac{\pi_i}{2}\right) = K_i \left(\frac{H}{\pi_i}\right) \qquad . (2.32)$$

No nosso trabalho, estamos interessados no potencial de confinamento simétrico, que é expresso da seguinte forma:

$$V_w^i(r_i, P, T) = V_{wp}^i(\rho_i, P, T) + V_{wz}^i(z_i, P, T) - \delta V_i(\rho_i, z_i, P, T), \qquad (2.33)$$

$V_{wp}^i V_{wz}^i \delta V_i$ em que e são os potenciais de confinamento lateral e axial, respetivamente, e é um termo corretivo. São definidos por :

$$V_{wz}^i(\rho_i, P, T) = V_i\, \theta(\rho_i - R) \; ; \quad V_{\omega z}^i(z_i, P, T) = V_i \theta\left(|z_i| - \frac{H}{2}\right), \qquad (2.34)$$

em que θ é a função de Heaviside.

$$\delta V_i = \begin{cases} 0 & si \;\; \theta_i < R \;\; ou \;\; |z_i| < H/2 \\ V_i & ailleurs \end{cases} . (2.35)$$

4-Energia de ligação dos éxcitons

E_f A energia do excitão no estado fundamental é determinada com base no princípio variacional, minimizando a energia média em relação aos parâmetros variacionais α e γ, ou seja, :

$$E_f = \min_{\alpha,\gamma}\langle\psi_{ex}|H_{eff}|\psi_{ex}\rangle. \qquad \text{(P, T)} \;(2.36)$$

$$\langle E(\alpha,\gamma)\rangle = \frac{\langle\psi_{ex}|\hat{H}|\psi_{ex}\rangle}{\langle\psi_{ex}|\psi_{ex}\rangle} = \frac{1}{1+\sigma}\left[\frac{m_e^*}{m_e^*(P,T)}\left(\frac{\theta_e}{R}\right)^2 + \frac{m_h^*}{m_h^*(P,T)}\sigma\left(\frac{\theta_h}{R}\right)^2\right] - \alpha^2 + \alpha\frac{P_3(\alpha,R)}{P_1(\alpha,R)} -$$

$$\frac{\alpha}{1+\sigma}\frac{\frac{m_e^*}{m_e^*(P,T)}P_4(\alpha,R)+\frac{m_h^*}{m_h^*(P,T)}\sigma P_5(\alpha,R)}{P_1(\alpha,R)} + 2\gamma - 4\gamma^2\frac{Z_2(\gamma,H)}{Z_1(\gamma,H)} + \frac{4\gamma^2}{1+\sigma}\frac{\frac{m_e^*}{m_e^*(P,T)}Z_3(\gamma,H)+\frac{m_h^*}{m_h^*(P,T)}\sigma Z_4(\gamma,H)}{Z_1(\gamma,H)} +$$

$$\langle V_{coul}\rangle - V_e\left(1 - \frac{P_7(\alpha,R)}{P_1(\alpha,R)}\right)\left(1 - \frac{Z_5(\gamma,H)}{Z_1(\gamma,H)}\right) - V_h\left(1 - \frac{P_8(\alpha,R)}{P_1(\alpha,R)}\right)\left(1 - \frac{Z_6(\gamma,H)}{Z_1(\gamma,H)}\right).$$

(2.37)

$E_l(P,T)$ A energia da sub-banda é definida como a soma das energias do eletrão e do buraco sem interação coulombiana:

$$E_l = E_e + E_h \qquad (2.38)$$

*α et γ sont nul*É obtido resolvendo a equação de Schrödinger, negligenciando a correlação eletrão-buraco, ou seja, os parâmetros variacionais e o termo de interação coulombiana.

P_iOs integrais são definidos por :

$$P_i = 8\pi \int_0^\infty d\rho_e \int_0^\infty d\rho_h \int_{|\rho_e-\rho_h|}^{\rho_e+\rho_h} \frac{F_i(\rho_e,\rho_h,\rho_{eh})\rho_e\rho_h\rho_{eh}}{\sqrt{[(\rho_e+\rho_h)^2-\rho_{eh}^2][\rho_{eh}^2-(\rho_e+\rho_h)^2]}} d\rho_{eh},$$

$$(2.39)$$

$$F_1(\rho_e,\rho_h,\rho_{eh}) = [F_e(\rho_e)F_h(\rho_h)\exp(-\alpha\rho_{eh})]^2, \tag{2.40}$$

$$F_3(\rho_e,\rho_h,\rho_{eh}) = \frac{1}{\rho_{eh}}F_1(\rho_e,\rho_h,\rho_{eh}) \tag{2.41}$$

$$F_4(\rho_e,\rho_h,\rho_{eh}) = -\frac{\rho_{eh}^2+\rho_e^2-\rho_h^2}{\rho_e\rho_{eh}}f_e(\rho_e)f_e'(\rho_h)[f_h(\rho_h)\exp(-\alpha\rho_{eh})], \tag{2.42}$$

$$F_5(\rho_e,\rho_h,\rho_{eh}) = -\frac{\rho_{eh}^2+\rho_h^2-\rho_e^2}{\rho_h\rho_{eh}}f_h(\rho_e)f_h'(\rho_h)[f_e(\rho_h)\exp(-\alpha\rho_{eh})], \tag{2.43}$$

$$F_7(\rho_e,\rho_h,\rho_{eh}) = F_1(\rho_e,\rho_h,\rho_{eh})\theta(R-\rho_e), \tag{2.44}$$

$$F_8(\rho_e,\rho_h,\rho_{eh}) = F_1(\rho_e,\rho_h,\rho_{eh})\theta(R-\rho_h). \tag{2.45}$$

Os integrais *de Pi* são avaliados numericamente após efetuar as transformações e mudanças de variáveis apresentadas no Apêndice A.

Os integrais *de Zi* são dados por :

$$Z_i = \int_{-\infty}^\infty dZ_e \int_{-\infty}^\infty dZ_h \, G_i(Z_e Z_h), \tag{2.46}$$

$$G_1(z_e,z_e) = [g_e(z_e)g_h(z_h)\exp(-\gamma(z_e-z_h)^2)] \tag{2.47}$$

$$G_2(z_e,z_e) = (z_e-z_h)^2 G_1(z_e,z_e), \tag{2.48}$$

$$G_3(z_e,z_e) = (z_e-z_h)g_e(z_e)g_e'(z_e)[g_h(z_h)\exp(-\gamma(z_e-z_h)^2)], \tag{2.49}$$

$$G_4(z_e,z_e) = (z_e-z_h)g_h(z_h)g_h'(z_h)[g_e(z_e)\exp(-\gamma(z_e-z_h)^2)], \tag{2.50}$$

$$G_5(z_e,z_e) = G_1(z_e,z_e)\theta(d-|z_e|), \tag{2.51}$$

$$G_6(z_e,z_e) = G_1(z_e,z_e)\theta(d-|z_h|). \tag{2.52}$$

Para o cálculo da energia de Coulomb, tivemos de considerar a aproximação efectuada por Le Goff [34] para evitar qualquer complicação na avaliação numérica dos integrais quíntuplos.

$$\langle V_{coul} \rangle = -2\int_{-\infty}^\infty dz_e \int_{-\infty}^\infty G_1(z_e,z_h)P_c(\alpha,R,z_e-z_h)dz_h. \tag{2.53}$$

$P_c$$P_i$$F_c$é um integral do tipo com uma função a integrar, definido por :

$$F_c(\rho_e, \rho_h, \rho_{eh}) = \frac{F_1(\rho_e, \rho_h, \rho_{eh})}{\sqrt{\rho_{eh}^2 + (z_e - z_h)^2}}.$$

$$(2.54)$$

Determinamos a energia de Coulomb utilizando a seguinte expressão aproximada :

$$\Phi(z_e - z_h) = \frac{A}{B + |z_e - z_h|}$$

$$(2.55)$$

$< Vcoul > | z_e - z_h | \to 0$ e m que as constantes A e B são escolhidas de modo a que os valores corretos de sejam obtidos dentro dos limites e $| z_e - z_h | \to \infty$.

$| ze - zh | \Phi(ze - zh)$ Se for grande, é dado por :

$$\Phi(z_e - z_h) = \frac{A}{|z_e - z_h|}.$$

$$(2.56)$$

Pc é então transformado em :

$$P_c(\alpha, R, z_e - z_h) = \frac{P_1(\alpha, R)}{|z_e - z_h|} \qquad \text{. (2.57)}$$

Podemos, portanto, deduzir o valor da constante *A, que se escreve como* :

$$A = P_1(\alpha, R). \tag{2.58}$$

$|z_e - z_h|$ Por outro lado, para pequenos valores de :

$$\Phi(z_e - z_h) = \frac{A}{B}. \tag{2.59}$$

P_c Enquanto está escrito

$$P_c(\alpha, R, z_e - z_h) = P_3(\alpha, R) \tag{2.60}$$

o que dá :

$$\frac{A}{B} = P_3(\alpha, R).$$

$$(2.61)$$

Por conseguinte, a expressão aproximada do potencial colombiano é a seguinte

$$< V_{coul} > = -2 \frac{Z_c(\alpha, R, \gamma, d)}{Z_c(\gamma, H)}$$

$$(2.62)$$

com integral Zc é análogo aos integrais Zi em que :

$$G_c(R, d, \alpha, \gamma, z_e, z_h) = \frac{G_1(z_e, z_h)}{\frac{P_1(\alpha, R)}{P_3(\alpha, R)} + |Z_e - Z_h|}.$$

$$(2.63)$$

A dependência da energia de ligação excitónica do estado fundamental com a temperatura e a pressão é definida como a diferença entre a soma das energias do estado livre do eletrão e do buraco e a energia do estado fundamental do excitão. Pode ser escrita como :

$$E_B(P,T) = E_l(P,T) - E_f(P,T).$$

(2.64)

5-Cálculo da energia de fotoluminescência

A fotoluminescência é uma técnica ótica poderosa para a caraterização de materiais semicondutores e isoladores. A fotoluminescência é uma técnica ótica poderosa para caraterizar materiais semicondutores e isoladores. Funciona com base num princípio simples, como se mostra na *Figura 2.2*. Os electrões da substância em estudo são excitados por radiação (normalmente monocromática) e a luz emitida pela substância é detectada. Em geral, a energia da luz emitida é inferior à da radiação utilizada para a excitação. Na prática, a intensidade emitida pelos sólidos é frequentemente muito baixa. Por conseguinte, é necessário utilizar um laser como fonte de excitação, bem como um sistema de deteção de elevado desempenho.

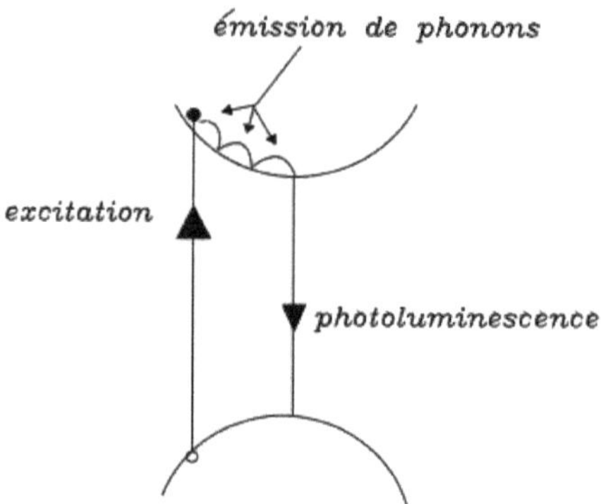

Figura 2.2: mostra o princípio da emissão de energia por fotoluminescência.

A energia de fotoluminescência é definida como a soma da energia de ligação e da energia de gap do material:

$$E_{pl}(P,T) = E_B(P,T) + E_{GAP}(P,T). \tag{2.65}$$

III-Método de resolução numérica

α et γ. α_{min} et γ_{min}O método variacional utilizado neste trabalho consiste em considerar o estado do sistema como tendo uma energia mínima à qual correspondem valores muito precisos dos parâmetros variacionais. Para determinar fixamos as dimensões do QB, depois utilizamos o método iterativo para determinar os parâmetros correspondentes e obter a energia mínima. Os vários termos de energia (integrais, funções especiais, etc.) são calculados numericamente. O fluxograma do Apêndice C resume as diferentes etapas determinação numérica da energia de ligação.

IV - Resultados numéricos e discussão

A aplicação de restrições externas (pressão e temperatura) modifica as condições latentes, a altura da barreira, as dimensões da caixa e a constante dieléctrica. O potencial de barreira pode ser obtido através das equações (2.14), (2.15) e (2.16). GPaA variação da constante dieléctrica em função da pressão é dada pela equação (2.18) com P em . A variação da dimensão da caixa em função da pressão é tida em conta através da equação (2.19).

$GaAsGaAs/Ga_{1-x}Al_x$Para os nossos resultados numéricos, escolhemos como exemplo de aplicação um BQ cilíndrico baseado num revestimento com um semicondutor de barreira do tipo. Os parâmetros físicos correspondentes são apresentados no quadro seguinte:

$m_e^* = 0.063\, m_0$	$m_h^* = 0.079\, m_0$	$\varepsilon_0(0, 300) = 13.18$
$E_g^\Gamma(0, 300)$ = $1.422 eV$	S_{11} = $1.16 \times 10^{-2} GPa^{-1}$	$a_{ex}^* = 19.6\, nm$
$\Delta_0 = 0{,}341 eV$	$S_{12} = -3.7 \times 10^{-3} GPa^{-1}$	$R_{ex}^* = 2.78\, meV$

$GaAs$**Tabela 2.1:** *Os parâmetros de [35] utilizados nos nossos cálculos.*

Na **Figura 2.3** representamos a função de onda do eletrão para vários valores da posição do eletrão no núcleo. Esta figura mostra que a função de onda do eletrão está principalmente confinada à região central e, embora tenhamos utilizado um potencial de confinamento finito, a presença de electrões na região da casca é praticamente marginalizada. Isto é causado pelo forte confinamento devido ao grande deslocamento da banda de condução entre os materiais do núcleo e o material da barreira. Para pequenos valores do raio R, não existem níveis discretos de electrões no poço e as funções de onda do eletrão e do buraco estão distribuídas nos materiais da barreira. Ao aumentar o raio R do cilindro, os níveis de energia dos electrões caem no espetro contínuo do poço.

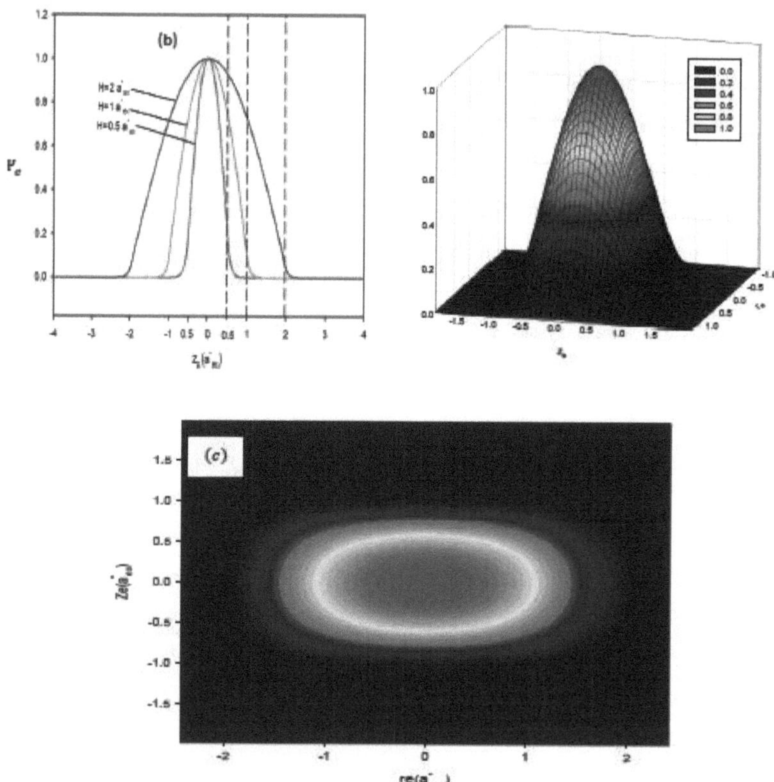

Figura 2.3: *Variação da função de onda do eletrão em função da sua posição na caixa quântica.*

A Figura 2.4a mostra a energia de ligação do excitão em função da pressão para diferentes temperaturas e concentrações de alumínio no material da barreira. É evidente que a energia de ligação aumenta linearmente em função da pressão, independentemente da concentração x e da temperatura. Isto significa o excitão permanece estável mesmo à temperatura ambiente. Este comportamento justifica o facto de os efeitos da tensão induzirem um confinamento aditivo para além do confinamento geométrico. Pelo contrário, o comportamento oposto pode ser observado na *Figura 2.4b*, onde representámos a variação da energia de ligação em função de T. Estas curvas mostram que a energia de ligação diminui quase linearmente em função de T, seguindo dois declives negativos, qualquer que seja o valor da pressão e o tamanho da caixa.

A fim de dar uma descrição quantitativa simples da variação da energia de ligação em função da pressão e da temperatura, estabelecemos uma forma analítica simples da energia de ligação excitónica em termos de P e T. $E_b E_b\ E_b(P) = E_b(0) + 0.011P$ Uma vez que a variação aumenta com um declive positivo da energia de ligação em função de P, podemos escrever a lei de variação de em função da pressão P sob a equação . O mesmo raciocínio é aplicado ao caso da temperatura, onde a variação da energia de ligação segue duas equações analíticas:

$$\begin{cases} E_b(T) = E_b(0) - 0.000422T\ pour\ 0 < T < 200 \\ E_b(T) = E_b(200) - 0.00087T\ pour\quad T > 200 \end{cases}$$

$T = 300K\ et\ x = 0.3$ Na *Figura 2.5*, mostramos a variação da energia de fotoluminescência do excitão em função do raio R e da altura H da lata para diferentes valores de pressão (0 e 40 kbar) a uma temperatura e fração molar de alumínio fixas, respetivamente: . Esta ilustração permitiu-nos visualizar claramente as condições em que a energia de fotoluminescência é máxima. Uma primeira análise desta curva mostra que, para uma dada pressão, a energia de fotoluminescência é sensível às variações da dimensão da lata (raio e altura).

Observa-se uma diminuição rápida desta emissão à medida que o tamanho aumenta, mantendo-se o mesmo comportamento para ambos os valores de pressão, o que significa que a variação da pressão afecta consideravelmente a emissão de fotoluminescência, tornando-se mais importante para caixas de tamanho reduzido. O interesse prático destes efeitos reside no facto de poderem ser explorados para modificar as propriedades ópticas ligadas à existência de excitões a uma dada temperatura sem alterar o tamanho das BQ, mas simplesmente controlando a pressão externa. É importante notar que esta figura mostra também que, para um valor fixo de R e H, a energia do excitão diminui com o aumento de T, o que tende a reduzir a atração eletrão-buraco e, consequentemente, o excitão perde a sua estabilidade.

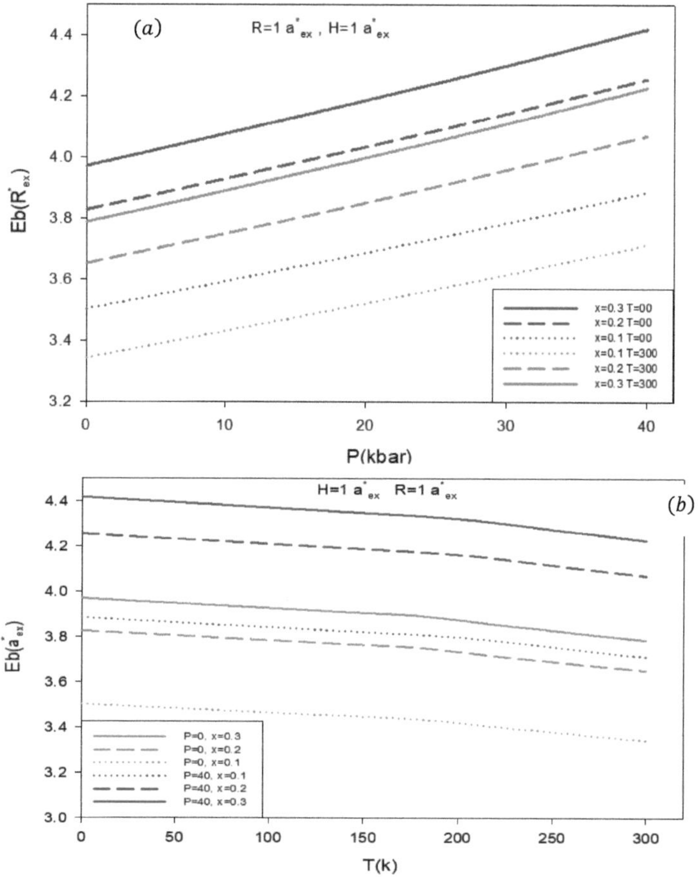

$(x = 0.1, 0.2, 0.3)$ ***Figura 2.4-*** *Variação da energia de ligação para diferentes valores de concentração de alumínio x em função de (a) pressão para diferentes valores de pressão, (b) temperatura para diferentes valores de pressão.*

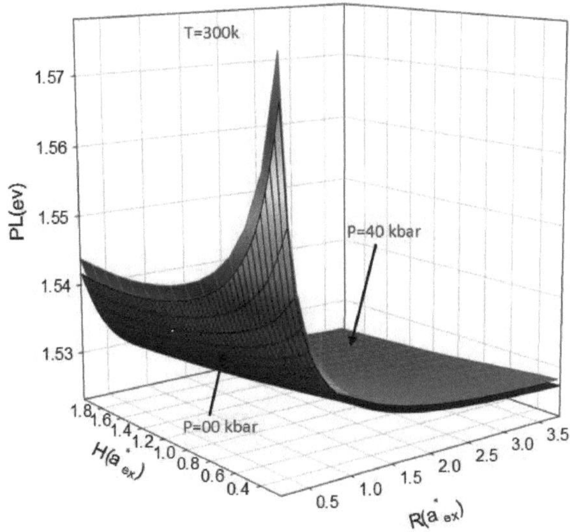

$T = 300K, x = 0.3$ *Figura 2.5: Variação da energia de fotoluminescência do excitão em função do raio R e da altura H da caixa para diferentes valores de pressão (0kbar,40kbar) a uma temperatura e fração molar de alumínio fixas, respetivamente: .*

As descrições anteriores dos efeitos da pressão e da temperatura podem ser suportadas pela análise da transição de energia de fotoluminescência na **Figura 2.6**, onde apresentámos a variação definida pela equação de PL em função da temperatura para diferentes conjuntos (P, R)= (0,0,8), (20,0,8), (40,0,8), (0,1), (20,1), (40,1), (0,1,5), (20,1,5) e (40,1,5). Observamos que a PL é muito sensível à variação de T. Para cada pressão, a energia de fotoluminescência segue uma função decrescente com a temperatura e o raio R da caixa. Isto significa que a aplicação da temperatura reduz a energia da luz emitida. Por outro lado, para um valor fixo de temperatura T, um aumento da pressão aplicada leva a um aumento da intensidade emitida, qualquer que seja o raio escolhido

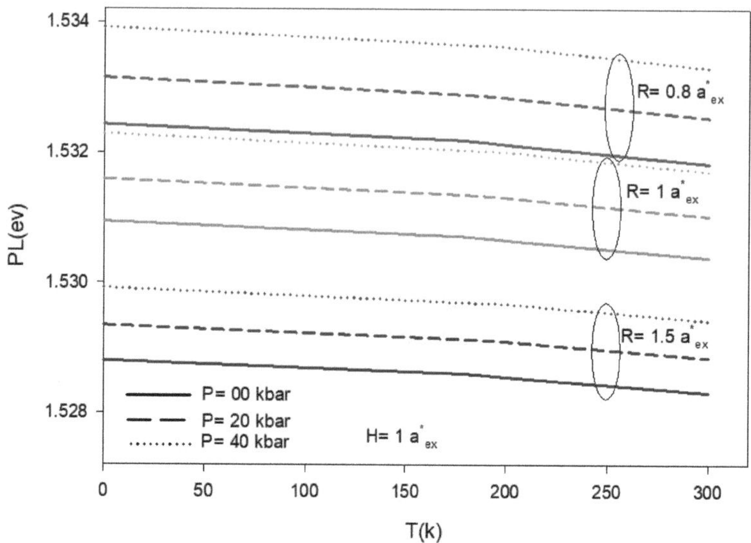

a^*_{ex} **Figura 2.6**: *Variação da energia de fotoluminescência em função da temperatura para diferentes valores do raio R do cilindro e da pressão a uma altura H=1 .*

Conclusão

Para concluir este capítulo, estabelecemos um cálculo teórico detalhado baseado no método variacional de Ritz para resolver a equação de Schrödinger de um excitão escrito na aproximação da massa efectiva, que continua a ser uma aproximação mais compacta e dá resultados bastante convincentes para vários problemas. Escolhemos o caso da barreira de potencial finito para examinar o comportamento da energia de ligação no estado fundamental do excitão. Com esta escolha de potencial, a energia de ligação do excitão é afetada pela variação da dimensão do QB (redução da dimensionalidade do sistema). A sensibilidade ao confinamento espacial é maior para o confinamento lateral do que para o confinamento axial. A variação da concentração de alumínio do material da barreira tem uma influência significativa na energia de ligação do excitão, uma vez que aumenta a altura da barreira potencial, e tem um efeito notável em QBs pequenos. $GaAs/Ga_{1-x}Al_xAs$Analisámos também as contribuições combinadas da temperatura e da pressão para a energia de ligação do excitão na heteroestrutura, caracterizada por uma constante de acoplamento intermédia. Os resultados obtidos mostram que os efeitos combinados destas duas restrições externas desempenham um papel fundamental através do seu impacto na energia de ligação, o que é notável para as diferentes estruturas de fronteira, nomeadamente o disco, o poço quântico e o fio quântico. Salientamos também que a aproximação da massa efectiva que está na base do nosso trabalho é inadequada para descrever o comportamento da energia de ligação excitónica para QBs finos, o que se deve aos efeitos da não-parabolicidade da banda. Em relação às propriedades ópticas, mostrámos também que o confinamento geométrico, a concentração de alumínio e duas restrições externas (pressão e temperatura) têm um efeito significativo na emissão de energia de fotoluminescência. Finalmente, acreditamos que através dos resultados acima referidos, abrimos o caminho para a possibilidade de uma boa compreensão e explicação dos diferentes processos físicos fornecidos pelos resultados experimentais (propriedades ópticas, espetro PL, absorção...), no que diz respeito à existência e estabilidade de excitões em QBs baseados em semicondutores.

Bibliografia

[1] D.H. Davies, "The physics of Low-Dimensional Semiconductors", Cambridge University Press, (1998).

[2]Harrison, P., e Valavanis, A. *"Quantum wells, wires and dots: theoretical and computationalphysics of semiconductor nanostructures"*. John Wiley& Sons (2016).

[3]C. Weisbuch e B. Vinter, "Quantum Semiconductor Structures: Fundamentals andApplications" (Academic, Boston, 1991).

[4] Klingshirn, Claus F. *Semiconductoroptics*. Springer Science and Business Media, (2012).

[5]U. C. Mendes, M. Korkusinski, A. H. Trojnar, e P. Hawrylak, *Phys. Rev. B* 88 (2013)115306.

[6]C. Gonzalez-Santander, F. Dominguez-Adame, *Physics Letters A* 374 (2010) 2259-2261.

[7]A. El Moussaouy, D. Bria, A. Nougaoui, R. Charrour e M. Bouhassoune, *J. Appl. Phys93*,(2003) 2906.

[8]E. Kasapoglu, C.A. Duque, S. Sakiroglu, H. Sari, e I. Sokmen, *Physica E* 43 (2011)1427-1432.

[9]A. Musial, P. Kaczmarkiewicz, G. Sek, P. Podemski, P.Machnikowski, J. Misiewicz, S. Hein, S. H?fling, e A. Forchel,*Phys. Rev. B* 85,(2012) 035314.

[10]M. Holmes, S. Kako, K. Choi, P. Podemski, M. Arita, e Y. Arakawa, *Phys. Rev. Lett.* 111,(2013) 057401.

[11]Y. Kayanuma, *Phys. Rev. B* 41 (1990) 10261.

[12]G. Einevoll, *Phys. Rev. B.* 45 (1992) 3410.

[13] J.L. Marin, R. Riera, and S.A. Cruz, *J. Phys. Condens. Matter* 10 (1998) 1349.

[14]C. Schulhauser, D. Haft, R. J. Warburton, K. Karrai, A. O. Govorov, A. V. Kalameitsev, A. Chaplik, W. Schoenfeld, J.M. Garcia, e P. M. Petroff, *Phys. Rev. B* 66, (2002) 193303.

[15]E.W.S. Caetano, V.N. Freire, G.A. Farias, e E.F. da Silva, *Brazilian J. Phys.* 34 (2004) 702.

[16]H. Hassanabadi, A.A. Rajabi, S. Zarrinkamar, e M.M. Sarbazi, *Few-Body Syst.* 45 (2009) 71.

[17] M. Santhi, and A.J. Peter, *Eur. Phys. J. B* 71 (2009) 225.

[18]P. Vasa, R. Pomraenke, S. Schwieger, Yu. I. Mazur, Vas. Kunets, P. Srinivasan, E. Johnson, J. E. Kihm, D. S. Kim, E.Runge, G. Salamo, e C. Lienaul, *Phys. Rev. Lett.* 101 (2008)116801.

[19]S.D. Wu e L. Wan, *Eur. Phys. J.* B 85 (2012) 12.

[20]N. Raigoza, C.A. Duque, N. Porras-Montenegro, e L.E. Oliveira, *Physica B* 371 (2006) 153.

[21]C. Duque, N. Poras- Montenegro, Z. Barticevic, M. Pacheco, and L. E. Oliveira, *J. Phys: Condens. Matter* 18 (2006) 1877.

[22]H.O. Oyoko, C.A. Duque, and N. Porras-Montenegro, *J. Appl. Phys.* 90 (2001) 819.

[23]E. Kasapoglu, *Phys. Lett. A* 373 (2008) 140.

[24]C.M. Duque, M.E. Mora-Ramos e C.A. Duque.*J Nanopart Res* 13 (2011) 6103.

[25] R.F. Kopf, M.H. Herman, M.L. Schnos, A.P. Perley, G. Livescu, e M. Ohring, *J. Appl. Phys.* 71, 5004 (1992) 5004-5011.

[26]M. El-Yadri, N. Aghoutane, E. Feddi e F. Dujardin, *Superlattices and Microstructures*, 102,(2017) 382-390.

[27]Z. Zeng, G. Gorgolis, C. S. Garoufalis, e S. Baskoutas, *Science advanced materials* 6 (2014) 586-591.

[28]S. Y. Lopez, e N. Porras-Montenegro, C. A. Duque, *physicastatussolidi* (b) 246 (2009) 630-634.

[29]C. A. Duque, S. Y. López, e M. E. Mora-Ramos, *physicastatussolidi* (b) 244 (2007) 1964-1970.

[30]Y. Yu, e M. Cardona, "Fundamentals of Semiconductors", Springer, Berlim, (1998).

[31]F.J. Culchac, e N. Porras-Montenegro, A. Latge, *J. Appl. Phys.* 105 (2009) 094324.

[31]F.J. Culchac, N. Porras-Montenegro, A. Latge, J. Appl. Phys. 105 (2009) 094324.

[32]H. M. Baghramyan, M. G. Barseghyan, A. A. Kirakosyan, R. L. Restrepo, C.A. Duque, Journal of Luminescence 134 (2013) 594-599.

[33]A. El Moussaouy, N. Ouchani, Y. El Hassouani, e D. Abouelaoualim, *Superlattices and Microstructures* 73 (2014) 22-37.

[34]S. Le Goff and B. Stébé, *Phys. Rev.* **B47** (1993)1383.

[35]H. O. Oyoko, C. A. Duque, and N. Porras-Montenegro, *J. Appl. Phys.* 90 (2001) 819-823.

CAPÍTULO 3: ESTUDO DAS PROPRIEDADES DOS TRIÕES EXCITÓNICOS SOB O EFEITO DA TEMPERATURA NUMA CAIXA QUÂNTICA CILÍNDRICA COM POTENCIAL DE CONFINAMENTO FINITO E INFINITO

I-Introdução

Nesta introdução, passamos em revista os principais trabalhos experimentais e teóricos sobre tríons excitónicos em semicondutores, poços quânticos e pontos quânticos.

H^-. H_2^+ H_2Por analogia com certos pequenos sistemas moleculares e atómicos estáveis, como por exemplo os edifícios de hidrogénio, , e . Lampert [1] sugeriu a existência de vários complexos excitónicos em semicondutores a granel, simplesmente generalizando o conceito de excitão de Wannier [2]. Os complexos excitónicos que podem resultar da ligação de um excitão com impurezas neutras ou ionizadas são conhecidos como "complexos localizados" ou de um excitão com quasipartículas neutras ou carregadas são "complexos móveis".

$(D^0.X)$ $(A^0,X)(D^+.X)$Entre os complexos localizados, a ligação de um excitão a uma impureza conduz, em função do estado de carga da impureza, a vários complexos excitão-dador neutro, excitão aceitador neutro ou excitão dador ionizado, que foram detectados pela primeira vez nos espectros de fotoluminescência do silício [3] e de outros semicondutores [4-6].

O excitão é livre de se mover no cristal, mas pode também ligar-se a outro excitão para gerar um complexo excitónico móvel e neutro. X_2 $ZnSeCuCl$ $GaAs/AlGaAs$O biexciton ou molécula excitónica foi identificado em [7], no germânio [8], [9,10] e em poços quânticos [11].

Os excitões carregados ou triões excitónicos são complexos de três partículas, móveis e carregados, que podem ser classificados em dois tipos:

> ➤ $X_2^+(e,h,h)$triões positivos resultantes da interação Coulombiana entre dois buracos e um eletrão.

> ➤ $X^-(e,e,h)$triões negativos resultantes da interação de Coulomb entre dois electrões e um buraco.

$GaAs/AlGaAs$O nosso estudo incide sobre os triões negativos numa geometria cilíndrica BQ baseada em . Estudos teóricos demonstraram a estabilidade dos triões excitónicos em semicondutores [12,13] e em meios bidimensionais através de um cálculo variacional [14] ou de um cálculo analítico [15] da energia de ligação do trião. $CuCl$Os tríons excitónicos foram observados pela primeira vez em experiências de luminescência em germânio a baixa temperatura [16] e também por experiências de luminescência e absorção em filmes finos [17]. Em geral, as observações de tríons em semicondutores em massa não são convincentes devido à sua baixa energia de ligação. O cálculo variacional da energia de ligação dos triões excitónicos em sistemas bidimensionais mostrou que esta energia é dez vezes superior à dos sistemas tridimensionais [14]. Isto mostra que a influência do confinamento tem o efeito de melhorar a energia de ligação. $(3D)$Consequentemente, os tríons excitónicos são mais facilmente detectáveis em sistemas de baixa dimensão do que em semicondutores a granel.

X_2^+ GaAs/AlGaAsOs tríons positivos foram observados por experiências de fotoluminescência e de fotoreflectância de campo magnético em poços quânticos dopados com aceptores de silício [18,19]. $X_2^+ \rightarrow X + h$Estas experiências mostraram que o aumento da temperatura facilita a dissociação térmica e que a energia de ligação do segundo buraco no tríon positivo é ligeiramente diferente da correspondente à energia do segundo eletrão no tríon negativo. Em contraste com os estudos efectuados por [14] no caso de semicondutores bidimensionais que mostram que a diferença de energia de ligação é superior a 30%.

$GaAs/AlGaAs$Neste capítulo, utilizamos o método variacional para calcular a energia dos triões excitónicos negativos para dois casos, poços finitos e infinitos, resultantes do acoplamento coulombiano entre dois electrões e um buraco, num semicondutor QB de geometria cilíndrica composto por .

II-Cálculo variacional das energias dos tríons negativos

A-Caso de um poço finito

1-Hamiltoniano efetivo do sistema

X^-Estudamos o tríon negativo formado por dois electrões e um buraco. $X^+ /Ga_{1-x}Al_xAs$Este tipo de tríon, que é semelhante ao tríon positivo pela troca de electrões e buracos, está confinado num BQ cilíndrico de potencial finito, altura H e raio R, baseado em , um semicondutor constituído por .

No âmbito da aproximação da massa efectiva e num modelo com duas bandas parabólicas simples não degeneradas, o Hamiltoniano é escrito:

$$H_{trion}(r_e, r_h, P, T) = -\frac{\hbar^2}{2m_{e1}^*}\nabla_{e1}^2 - \frac{\hbar^2}{2m_{e2}^*}\nabla_{e2}^2 - \frac{\hbar^2}{2m_h^*}\nabla_h^2 + \frac{e^2}{\varepsilon_0(T)}\left[\frac{1}{\sqrt{(r_{e1}-r_{e2})^2+(z_{e1}-z_{e2})^2}} - \right.$$

$$\left. \frac{1}{\sqrt{(r_{e1}-r_h)^2+(z_{e1}-z_h)^2}} - \frac{1}{\sqrt{(r_{e2}-r_h)^2+(z_{e2}-z_h)^2}}\right]+V_\omega^{e1}(r_{e1}, z_{e1}, T) +$$

$$V_\omega^h(\rho_h, z_h, T)+V_\omega^{e2}(r_{e2}, z_{e2}, T),$$

$$(3.1)$$

com :

$$V_\omega^i(r_i z_i, P, T) = \begin{cases} 0 & si \ \rho_i \leq R \ et |Z_i| \leq d \\ V_i(P,T) & sinon \end{cases} \quad i = e_1, e_2, h) \ \ V_{e1} = V_{e2}, \qquad (\ 3.2)$$

V_e et V_h São as alturas das barreiras de potencial de confinamento para o eletrão e o buraco.

$m_{e,1-2}^*$ m_h^* ε_0 O potencial eletrostático e as origens das distâncias são tomados no centro da BQ. e são, respetivamente, as massas efectivas dos electrões e do buraco, assumidas constantes na caixa e nas barreiras, e é a constante dieléctrica do material.

A constante dieléctrica dependente da temperatura e as massas efectivas dos electrões e do buraco são dadas pelas seguintes relações [18-21] :

$$\varepsilon_0(T) = \begin{cases} 12.7 \exp\left(9.4 \times 10^{-5}(T - 75.6)\right) & for \ 0 \leq T \leq 200 \ K \\ 13.8 \exp\left(20.4 \times 10^{-5}(T - 300)\right) & for \ T > 200 \ K \end{cases} \qquad (3.3)$$

e

$$\begin{cases} m_e^*(T) = m_0\left[1 + 7.51\left(\frac{2}{E_g(T)} + \frac{1}{E_g(T)+\Delta_0}\right)\right]^{-1} \\ m_h^*(T) = m_0(0.09 - 3.55 \times 10^{-5}T) \end{cases} \qquad (3.4)$$

m_0 Δ_0 onde é a massa do eletrão livre e é o spin da órbita

a_e^* $2R_e^*$ A seguir, utilizamos unidades atómicas, para o comprimento e para a energia, que são definidas por :

$$\sigma = \frac{m_e^*}{m_h^*} \qquad\qquad a_e^* = \frac{\varepsilon_0 \hbar^2}{m_e^* e^2} \qquad\qquad 2R_{ex}^* = \frac{m_e^* e^4}{\varepsilon_0^2 \hbar^2} \qquad (3..5)$$

A equação (3.1) passa então a ser :

$$H_{trion}(r_e, r_h, P, T) = -\frac{m_{e1}^*}{m_{e1}^*(T)}\nabla_{e1}^2 - \frac{m_{e2}^*}{m_{e2}^*(T)}\nabla_{e2}^2 - \frac{\sigma m_h^*}{m_h^*(T)}\nabla_h^2 +$$

$$\frac{\varepsilon_0(0)}{\varepsilon_0(T)}\left[\frac{1}{\sqrt{(r_{e1}-r_{e2})^2+(z_{e1}-z_{e2})^2}} - \frac{1}{\sqrt{(r_{e1}-r_h)^2+(z_{e1}-z_h)^2}} - \right.$$

$$\left. \frac{1}{\sqrt{(r_{e2}-r_h)^2+(z_{e2}-z_h)^2}}\right]+V_\omega^{e1}(r_{e1}, z_{e1}, T) + V_\omega^h(\rho_h, z_h, T)+V_\omega^{e2}(r_{e2}, z_{e2}, T),$$

$$(3..6)$$

onde:

$$V_w^i(r_i, z_i, T) = V_{wr}^i(r_i, T) + V_{wz}^i(z_i, T) - \delta V_i(r_i, z_i, P, T) \quad (\, , i = e_1, e_2, h) \qquad (3.7)$$

$V_{wp}^i \; V_{wz}^i \; \delta V_i$ em que e são os potenciais de confinamento lateral e axial, respetivamente,

e é um termo corretor. Estes potenciais são expressos por :

$$\begin{cases} V_{wz}^i(\rho_i, P, T) = V_i\, \theta(\rho_i - R) \\ V_{\omega z}^i(z_i, P, T) = V_i \theta\left(|z_i| - \dfrac{H}{2}\right) \end{cases} ; \quad (i = e_1, e_2, h), \qquad (3.8)$$

em que θ é a função de Heaviside

$$\delta V_i = \begin{cases} 0 & si \ \theta_i < R \ ou \ |z_i| < H/2 \\ V_i & ailleurs \end{cases} (i = e_1, e_2, h). \qquad (3.9)$$

2- Escolha da função de ensaio

A equação de Schrödinger anterior não pode ser resolvida exatamente, pelo que teremos de nos contentar com um método aproximado. Optámos por determinar o estado fundamental utilizando o método variacional de Ritz. Este método consiste em minimizar a energia total média em relação aos parâmetros variacionais envolvidos na função de onda de teste escolhida:

$$\psi_{trion}(r_{e1}, r_{e2}, r_h, z_{e1}, z_{e2}, z_h, T) =$$
$$F_{e1}(r_{e1}, z_{e1}, T) F_{e1}(r_{e1}, z_{e1}, T) F_h(r_h, z_h, T) \emptyset(r_{e1}, r_{e2}, r_h, z_{e1}, z_{e2}, z_h, T),$$
$$(3.10)$$

$\emptyset$ em que é a função de onda que descreve o movimento interno dos triões definido por :

$$\emptyset(r_{e1}, r_{e2}, r_h, z_{e1}, z_{e2}, z_h, T) = exp[(-\alpha_1|r_{e1} - r_{e2}| - \alpha_2|r_{e1} - r_h| - \alpha_3|r_{e2} - r_h|) -$$
$$\gamma_1(z_{e1} - z_{e2})^2 - \gamma_2(z_{e1} - z_h)^2 - \gamma_3(z_{e2} - z_h)^2] \qquad (3.11)$$

$$F_i(r_i, z_i, T) = f_i(r_i, T) g_i(z_i, T) \qquad (3.12)$$

$\alpha_{i,1-3}\, \gamma_{i,1-3}$ e são parâmetros variacionais. A forma da função de onda dada equação (3.12) não só satisfaz os requisitos da região de interação forte (como em BQs muito estreitas), mas também dá os resultados corretos perto das fronteiras globais (região de interação fraca).

$f_i(\rho_i, T) g_i(\, , z_i, T)$ onde e são obtidos através da resolução das duas equações de Schrödinger correspondentes às duas dimensões seguintes, lateral e axial:

$$\begin{cases} \left[-\dfrac{\hbar^2}{2m_i^*(T)} \nabla_i^2 + V_\omega^i(r_i,T) \right] f_i(r_i,T) = E_i(r_i,T) f_i(r_i,T) \\[2mm] \left[-\dfrac{\hbar^2}{2m_i^*(T)} \nabla_i^2 + V_\omega^i(z_i,T) \right] g_i(z_i,T) = E_i(z_i,T) g_i(z_i,T) \end{cases} \quad (i = e_1, e_2, h) \qquad (3.13)$$

As soluções para este sistema de equações diferenciais são da seguinte forma :

$$f_i(r_i,T) = \begin{cases} J_0\left(\theta_i \dfrac{r_i}{R}\right) & pour & r_i \le R \\[2mm] A_i K_0(\beta_i r_i) & pour & r_i \ge R \end{cases} \quad (i = e_1, e_2, h).$$

$$(3.14)$$

$$g_i(z_i,T)_{i=} \begin{cases} \cos\left(\pi_i \dfrac{z_i}{H}\right) & si & |z_i| < \dfrac{H}{2} \\[2mm] B_i \exp(-K_i |z_i|) & si & |z_i| \ge \dfrac{H}{2} \end{cases} \quad (i = e_1, e_2, h).$$

$$(3.15)$$

$j_0 K_0$ e são funções de Bessel modificadas de ordem 0. $\theta_i(T) \pi_i(T), A_i(T) B_i(T)$ à $r_i = R |z_i| = \dfrac{H}{2}$ Os parâmetros , e são determinados a partir das condições de fronteira e .

Assim, podemos escrever :

$$A_i = \frac{J_0(\theta_i)}{K_0(\beta_i R)} \quad \frac{\theta_i J_1(\theta_i)}{J_0(\theta_i)} = \frac{\beta_i R K_i(\beta_i R)}{K_0(\beta_i R)} . \qquad (3.16)$$

$$B_i = \cos\left(\frac{\pi_i}{2}\right) / \exp\left(-\frac{K_i H}{2}\right) \tan\left(\frac{\pi_i}{2}\right) = K_i\left(\frac{H}{\pi_i}\right) . \qquad (3.17)$$

$$K_i = \sqrt{\frac{V_i}{\tau_i} - \left(\frac{\pi_i}{H}\right)^2} , \beta_i = \sqrt{\frac{V_i}{\tau_i} - \left(\frac{\theta_i}{R}\right)^2} \qquad \text{com} .$$

$$(3.18)$$

$\tau_{e1,e2}$ No sistema de unidades atómicas: $=1$ e $\tau_h = \sigma = \dfrac{m_{e,1-2}^*}{m_h^*}$

3- Energia de ligação dos triões excitónicos

Para descrever o movimento relativo das três partículas, podemos coordenadas cilíndricas, definindo o triângulo e1e2h (Fig. (3.1)). r_i, z_i et φ_i A orientação do triângulo no espaço é especificada pelas coordenadas cilíndricas (i=1, 2, h), registando a rotação em torno do eixo oz. φ Por razões de simetria, o estado fundamental é invariante à rotação em torno do eixo oz, pelo que podemos ignorar a variável .

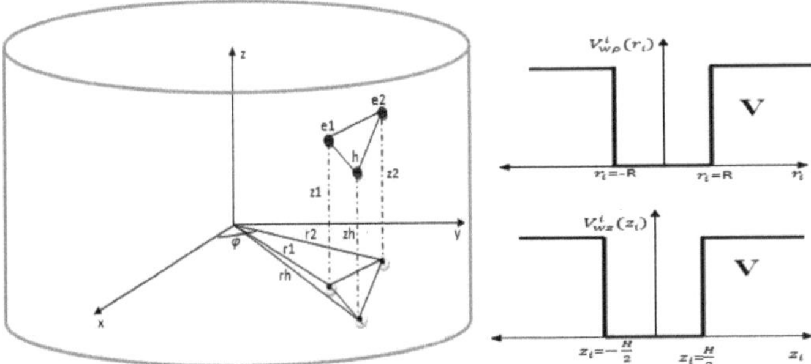

Figura 3.1: *Representação esquemática da BQ cilíndrica e do modelo de contenção considerado neste trabalho.*

A função de onda e a energia do tríon excitónico no estado fundamental são determinadas pela minimização da energia média:

$$E_{trion} = \min_{\alpha_i \gamma_i}\langle \psi_{trion}|H_{eff}|\psi_{trion}\rangle \qquad \text{(T) (i=1,2,3).}$$

(3.19)

$$\langle E(\alpha_i, \gamma_i)\rangle = \frac{\langle \psi_{trion}|\hat{H}|\psi_{trion}\rangle}{\langle \psi_{trion}|\psi_{trion}\rangle},$$
(3.20)

a forma integral do dominador da equação (3.20) é:

$$\langle \psi_{trion}|H_{eff}|\psi_{trion}\rangle=$$

$$\int_{-\infty}^{+\infty}\int_{-\infty}^{+\infty}\int_{-\infty}^{+\infty}\int_{0}^{+\infty}\int_{0}^{+\infty}\int_{0}^{+\infty}\Psi_{trion}{}^{*}H_{eff}\,\Psi_{trion}\,r_{e1}dr_{e1}\,r_{e2}dr_{e2}r_h dr_h\,dz_{e1}dz_{e2}dz_h.$$

(3.21)

No nosso cálculo, utilizamos a seguinte fórmula matemática, que é demonstrada no Apêndice B:

$$-\int_{0}^{+\infty}\Psi^{*}\left(\frac{d^2}{dr^2}+\frac{1}{r}\frac{d}{dr}\right)\Psi\,r\,dr = \int_{0}^{+\infty}\left(\frac{d\Psi}{dr}\right)^{2}r\,dr.$$
(3.22)

A forma do integral do denominador da equação (3.20) escreve-se :

$$\int_{-\infty}^{+\infty}\int_{-\infty}^{+\infty}\int_{-\infty}^{+\infty}\int_{0}^{+\infty}\int_{0}^{+\infty}\int_{0}^{+\infty}\Psi_{trion}{}^{2}\,r_{e1}\,dr_{e1}\,r_{e2}dr_{e2}r_h dr_h\,dz_{e1}dz_{e2}dz_h.$$
(3.23)

Assim

$$\langle E(\alpha_i, \gamma_i)\rangle =$$

$$\frac{\langle \psi_{trion}|\hat{H}|\psi_{trion}\rangle}{\langle \psi_{trion}|\psi_{trion}\rangle} = \frac{m_{e1,2}^{*}}{m_{e1,2}^{*}(T)}\left[\frac{P_2 - 2P_4 + P_6 + P_{2A} + 2P_{4A} + P_{6A}}{P1}\right] + \frac{m_h^{*}}{m_h^{*}(T)}\sigma\left[\frac{P_{2B} + 2P_{4B} + P_{6B}}{P1}\right] +$$

$$\frac{m_{e1}^*}{m_{e1}^*(T)}\left[2(\gamma_1+\gamma_2)+\left(\frac{\pi_{e1}}{H}\right)^2+4\left(\frac{Z_3-Z_2}{Z_1}\right)\right]+\frac{m_{e2}^*}{m_{e2}^*(T)}\left[2(\gamma_1+\gamma_3)+\left(\frac{\pi_{e2}}{H}\right)^2-$$

$$4\left(\frac{Z_{3A}+Z_{2A}}{Z_1}\right)\right]+\frac{m_h^*}{m_h^*(T)}\sigma\left[2(\gamma_2+\gamma_3)+\left(\frac{\pi_h}{H}\right)^2-4\left(\frac{Z_{3B}+Z_{2B}}{Z_1}\right)\right]+V_{e1}\left(1-\frac{P_7}{P_1}\right)\times\frac{Z_5}{Z_1}$$

$$+V_{e2}\left(1-\frac{P_{7A}}{P_1}\right)\times\frac{Z_{5A}}{Z_1}+V_h\left(1-\frac{P_{7B}}{P_1}\right)\times\frac{Z_{5B}}{Z_1}+$$

$$\frac{\varepsilon_0(0)}{\varepsilon_0(T)}\left[\frac{Z_c}{Z_1}-\frac{Z_{cA}}{Z_1}-\frac{Z_{cB}}{Z_1}\right].\tag{3.24}$$

P_i Z_i Os integrais e são definidos no Apêndice B.

A energia de ligação do tríon sob o efeito da temperatura é definida como se segue:

$$E_B(T)=E_i(T)+E_{exe}(T)-E_{trion}(T),\tag{3.25}$$

$E_i(T)$ $E_{exe}(T)$ $E_{trion}(T)$ onde é a energia do estado fundamental do eletrão não correlacionado e1, e2 e do buraco [20]. é a energia do estado fundamental do excitão no ponto quântico, tal como apresentado na equação (2.26) do capítulo 2, e é a energia do estado fundamental do tríon negativo calculada a partir da equação (3.24).

B-Caso de um poço infinito

1-Hamiltoniano efetivo do sistema.

GaAs / AlAs (R,H) Consideremos um tríon negativo, confinado num QB de geometria cilíndrica de dimensão . No quadro da aproximação da massa efectiva e da função de envelope, o Hamiltoniano de um tal sistema sob o efeito da temperatura T, considerando um potencial de confinamento infinito *Figura 3.2*, pode ser escrito como se segue:

$$H_{trion}(r_e,r_h,P,T)=-\frac{m_{e1}^*}{m_{e1}^*(T)}\nabla_{e1}^2-\frac{m_{e2}^*}{m_{e2}^*(T)}\nabla_{e2}^2-\frac{\sigma m_h^*}{m_h^*(T)}\nabla_h^2+$$

$$\frac{\varepsilon_0(0)}{\varepsilon_0(T)}\left[\frac{1}{\sqrt{(r_{e1}-r_{e2})^2+(z_{e1}-z_{e2})^2}}-\frac{1}{\sqrt{(r_{e1}-r_h)^2+(z_{e1}-z_h)^2}}-\right.$$

$$\left.\frac{1}{\sqrt{(r_{e2}-r_h)^2+(z_{e2}-z_h)^2}}\right]+V_\omega^{e1}(r_{e1},z_{e1},T)+V_\omega^h(\rho_h,z_h,T)+V_\omega^{e2}(r_{e2},z_{e2},T)$$

$$\tag{3.26}$$

$$V_\omega^i(r_iz_i,P,T)=\left\{\begin{array}{ll}0 & si\ \rho_i\leq R\ et|Z_i|\leq d\\ \infty & sinon\end{array}\right.\qquad i=e_1,e_2,h)\text{com: }(\tag{3.27}$$

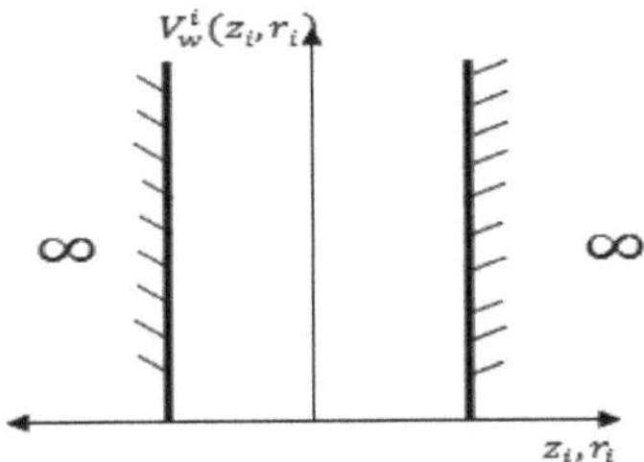

Figura 3.2: mostra o poço de potencial infinito radial e axial.

2-Função de teste

É natural utilizar aqui uma função de onda com a mesma forma que na aproximação do poço de potencial finito, do seguinte modo aproximação da seguinte forma:

$$\psi_{trion}(r_{e1}, r_{e2}, r_h, z_{e1}, z_{e2}, z_h, T) =$$
$$F_{e1}(r_{e1}, z_{e1}, T)F_{e1}(r_{e1}, z_{e1}, T)F_h(r_h, z_h, T)\emptyset(r_{e1}, r_{e2}, r_h, z_{e1}, z_{e2}, z_h, T)$$
(3.28)

$\emptyset$o nde é a função de onda que descreve o movimento interno dos triões e é definida na equação (3.11):

r_i z_i $(i = 1,2,3)$No entanto, esta função é separável em e , e conduz a cálculos complicados com seis parâmetros variacionais. Por conseguinte, optámos por uma função de onda não separável mais simples. Esta é uma avaliação numérica de integrais de sextupletos:

$$\psi_{trion}(r_{e1}, r_{e2}, r_h, z_{e1}, z_{e2}, z_h, T) =$$
$$F_{e1}(r_{e1}, z_{e1}, T)F_{e1}(r_{e1}, z_{e1}, T)F_h(r_h, z_h, T)\chi(r_{e1}, r_{e2}, r_h, z_{e1}, z_{e2}, z_h, T)$$
(3.29)

$$\chi(r_{e1}, r_{e2}, r_h, z_{e1}, z_{e2}, z_h, T) = exp\big[\big(-\alpha_1\sqrt{(r_{e1} - r_{e2})^2 + (z_{e1} - z_{e2})^2} -$$
$$\alpha_2\sqrt{(r_{e1} - r_h)^2 + (z_{e1} - z_h)^2} - \alpha_3\sqrt{(r_{e2} - r_h)^2 + (z_{e2} - z_h)^2}\big)\big], \tag{3.30}$$

α_1, $\alpha_2\alpha_3$ três parâmetros variacionais e são introduzidos. Nesta forma, a função de onda conduz a cálculos numéricos mais simples (não há problema de tempo durante o cálculo numérico e os seis parâmetros variacionais são limitados a três).

$$F_i(r_i, z_i, T) = f_i(r_i, T)g_i(z_i, T) \quad (i=1, 2, h), (3.31)$$

$f_i(\rho_i, T) g_i(, z_i, T)$ em que e são obtidos resolvendo as duas equações de Schrödinger correspondentes às seguintes dimensões laterais e axiais:

$$\begin{cases} \left[-\frac{\hbar^2}{2m_i^*(T)} \nabla_i^2 + V_\omega^i(r_i, T) \right] f_i(r_i, T) = E_i(r_i, T) f_i(r_i, T) \\ \left[-\frac{\hbar^2}{2m_i^*(T)} \nabla_i^2 + V_\omega^i(z_i, T) \right] g_i(z_i, T) = E_i(z_i, T) g_i(z_i, T) \end{cases} \quad (i = e_1, e_2, h). \quad (3.32)$$

As soluções para este sistema de equações diferenciais são da seguinte forma :

$$f_i(r_i, T) = \begin{cases} J_0\left(\theta_i \frac{r_i}{R}\right) & pour & r_i \leq R \\ 0 & pour & r_i \geq R \end{cases} \quad (i = e_1, e_2, h), \quad (3.33)$$

$$g_i(z_i, T)_{i=} \begin{cases} \cos\left(\pi_i \frac{z_i}{H}\right) & si & |z_i| < \frac{H}{2} \\ 0 & si & |z_i| \geq \frac{H}{2} \end{cases} \quad (i = e_1, e_2, h), \quad (3.34)$$

J_0 em que é a função de Bessel de ordem 0, tendo para o primeiro zero $\theta_0 = 2.404$ o valor de 8255577.

3-Energia de ligação dos triões excitónicos

$H\Psi = E\Psi \ GaAs/AlAs$ A equação, no valor próprio em que o Hamiltoniano H é dado pela equação (3.26), é resolvida analítica e numericamente para obter os valores de energia mais baixos tendo em conta o confinamento geométrico num ponto quântico baseado em . A energia de ligação do excitão de carga negativa é definida como :

$$E_B(T) = 2E_e(T) + E_h(T) + E_{exe}(T) - E_{trion}(T),$$

(3.35)

$E_{exe}(T) E_{e(h)}(T) E_{trion}(T)$ onde é a energia do estado fundamental do excitão. é a energia do estado fundamental do eletrão (buraco) sem interação de Coulomb. é o correspondente valor próprio da energia do Hamiltoniano. Este é calculado através da minimização dos parâmetros de variação da função de onda:

$$\langle E(\alpha_i) \rangle = \frac{\langle \psi_{trion} | \widehat{H} | \psi_{trion} \rangle}{\langle \psi_{trion} | \psi_{trion} \rangle}. \quad (3.36)$$

Para o potencial de confinamento infinito considerado nesta secção, temos :

$\langle \Psi_{trion} | \Psi_{trion} \rangle =$

$$\int_0^R \int_0^R \int_0^R \int_{-\frac{H}{2}}^{+\frac{H}{2}} \int_{-\frac{H}{2}}^{+\frac{H}{2}} \int_{-\frac{H}{2}}^{+\frac{H}{2}} f_{e1}{}^2 f_{e2}^2 f_h^2 g_{e1}^2 g_{e2}^2 g_h^2 \chi^2 \, r_{e1} \, dr_{e1} \, r_{e2} dr_{e2} r_h dr_h \, dz_{e1} dz_{e2} dz_h$$

(3.37)

$$\langle \psi_{trion} | \hat{H} | \psi_{trion} \rangle =$$

$$\frac{m_{e1}^*}{m_{e1}^*(T)} \left[\int_0^R \int_0^R \int_0^R \int_{-\frac{H}{2}}^{+\frac{H}{2}} \int_{-\frac{H}{2}}^{+\frac{H}{2}} \int_{-\frac{H}{2}}^{+\frac{H}{2}} f_{e2}^2 f_h^2 g_{e1}^2 g_{e2}^2 g_h^2 \left(\frac{d}{dr_{e1}} (f_{e1}\chi) \right)^2 r_{e1}\, dr_{e1}\, r_{e2} dr_{e2} r_h dr_h\, dz_{e1} dz_{e2} dz_h - \right.$$

$$\left. \int_0^R \int_0^R \int_0^R \int_{-\frac{H}{2}}^{+\frac{H}{2}} \int_{-\frac{H}{2}}^{+\frac{H}{2}} \int_{-\frac{H}{2}}^{+\frac{H}{2}} f_{e1}^2 f_{e2}^2 f_h^2 g_{e2}^2 g_h^2 \frac{d^2}{dz_{e1}^2} (g_{e1}\chi)\, r_{e1}\, dr_{e1}\, r_{e2} dr_{e2} r_h dr_h\, dz_{e1} dz_{e2} dz_h \right] +$$

$$\frac{m_{e2}^*}{m_{e2}^*(T)} \left[\int_0^R \int_0^R \int_0^R \int_{-\frac{H}{2}}^{+\frac{H}{2}} \int_{-\frac{H}{2}}^{+\frac{H}{2}} \int_{-\frac{H}{2}}^{+\frac{H}{2}} f_{e1}^2 f_h^2 g_{e1}^2 g_{e2}^2 g_h^2 \left(\frac{d}{dr_{e2}} (f_{e2}\chi) \right)^2 r_{e1}\, dr_{e1}\, r_{e2} dr_{e2} r_h dr_h\, dz_{e1} dz_{e2} dz_h - \right.$$

$$\left. \int_0^R \int_0^R \int_0^R \int_{-\frac{H}{2}}^{+\frac{H}{2}} \int_{-\frac{H}{2}}^{+\frac{H}{2}} \int_{-\frac{H}{2}}^{+\frac{H}{2}} f_{e1}^2 f_{e2}^2 f_h^2 g_{e1}^2 g_h^2 \frac{d^2}{dz_{e2}^2} (g_{e2}\chi)\, r_{e1}\, dr_{e1}\, r_{e2} dr_{e2} r_h dr_h\, dz_{e1} dz_{e2} dz_h \right] +$$

$$\frac{m_h^* \sigma}{m_h^*(T)} \left[\int_0^R \int_0^R \int_0^R \int_{-\frac{H}{2}}^{+\frac{H}{2}} \int_{-\frac{H}{2}}^{+\frac{H}{2}} \int_{-\frac{H}{2}}^{+\frac{H}{2}} f_{e1}^2 f_{e2}^2 g_{e1}^2 g_{e2}^2 g_h^2 \left(\frac{d}{dr_h} (f_h\chi) \right)^2 r_{e1}\, dr_{e1}\, r_{e2} dr_{e2} r_h dr_h\, dz_{e1} dz_{e2} dz_h - \right.$$

$$\left. \int_0^R \int_0^R \int_0^R \int_{-\frac{H}{2}}^{+\frac{H}{2}} \int_{-\frac{H}{2}}^{+\frac{H}{2}} \int_{-\frac{H}{2}}^{+\frac{H}{2}} f_{e1}^2 f_{e2}^2 f_h^2 g_{e1}^2 g_{e2}^2 \frac{d^2}{dz_h^2} (g_h\chi)\, r_{e1}\, dr_{e1}\, r_{e2} dr_{e2} r_h dr_h\, dz_{e1} dz_{e2} dz_h \right] +$$

$$\frac{\varepsilon_0(0)}{\varepsilon_0(T)} \left[\int_0^R \int_0^R \int_0^R \int_{-\frac{H}{2}}^{+\frac{H}{2}} \int_{-\frac{H}{2}}^{+\frac{H}{2}} \int_{-\frac{H}{2}}^{+\frac{H}{2}} f_{e2}^2 f_h^2 g_{e1}^2 g_{e2}^2 g_h^2 (f_{e1}\chi)^2 \left[\frac{1}{\sqrt{(r_{e1}-r_{e2})^2+(z_{e1}-z_{e2})^2}} - \right. \right.$$

$$\left. \left. \frac{1}{\sqrt{(r_{e1}-r_h)^2+(z_{e1}-z_h)^2}} - \frac{1}{\sqrt{(r_{e2}-r_h)^2+(z_{e2}-z_h)^2}} \right] r_{e1}\, dr_{e1}\, r_{e2} dr_{e2} r_h dr_h\, dz_{e1} dz_{e2} dz_h \right] E \quad .$$

(3.38)

III - Resultados numéricos e discussão

Nesta secção, apresentamos os nossos resultados numéricos baseados abordagem teórica descrita na secção anterior. *GaAs*Como já foi indicado, o material BQ estudado é baseado em . $Ga_{1-x}Al_xAs$A altura do potencial de confinamento é induzida pelo material de barreira baseado em . O método de solução numérica continua a basear-se (cap.2) na minimização da energia em função dos parâmetros variacionais.

GaAs: $m_e^* = 0.063\, m_0$ et $m_h^* = 0.079\, m_0$As massas efectivas do eletrão e do buraco correspondentes são . R_e^*Os nossos resultados são expressos em unidades atómicas, o Rydberg efetivo $= 4{,}8438\ meV$ e o raio de Bohr efetivo $a_e^* = 11.172\ nm$.

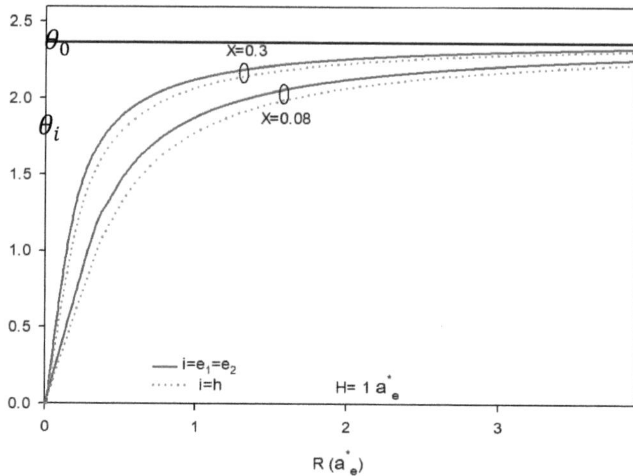

$e_{1,2}Al\,Ga_{1-x}Al_xAs$**Figura 3.3**: *Variação dos parâmetros θi (i= (linhas sólidas, i=h (linhas tracejadas)) da função de onda em função do raio R do cilindro para dois valores da fração x do in .*

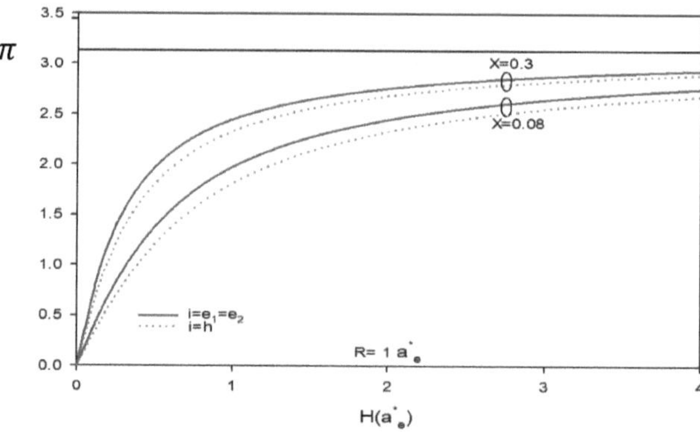

$\pi e_{1,2}$**Figura 3.4**: *Variação dos parâmetros i (i= (linhas sólidas, i=h (linhas tracejadas)) Al Ga_{1-x}Al_xAsda função de onda em função da altura H do cilindro para dois valores da fração x de in .*

$\theta_e\theta_h$ A fim de verificar que o potencial de confinamento infinito continua a ser inadequado para descrever o efeito excitónico no caso de QBs finas, e para apresentar o interesse do confinamento finito aqui escolhido, ilustramos na *Figura 3.3* a variação dos parâmetros (caso do eletrão) e (caso do buraco) da função de onda em função do raio do disco para duas fracções molares de alumínio ($x = 0,08$ e $0,3$). Para cada valor de x, os parâmetros que caracterizam a função de onda lateral sofrem um aumento com o raio R, atingindo o valor caraterístico do potencial infinito para o limite de grandes valores de R. Para o confinamento lateral, em cada raio R da caixa, os valores dos parâmetros tornam-se significativos para grandes concentrações $x=0,3$. π_e π_h Para o confinamento axial, *a Figura 3.4* mostra a variação dos parâmetros (para o eletrão) e (para o buraco) em função da altura H do cilindro para as duas fracções ($x = 0,08$ e $0,3$). A curva obtida comporta-se de forma semelhante à anterior, mostrando que os parâmetros da função de onda que caracterizam o confinamento axial aumentam consideravelmente com a altura até atingirem o valor caraterístico para o confinamento infinito. A partir do exposto, é portanto interessante considerar o caso de um potencial finito

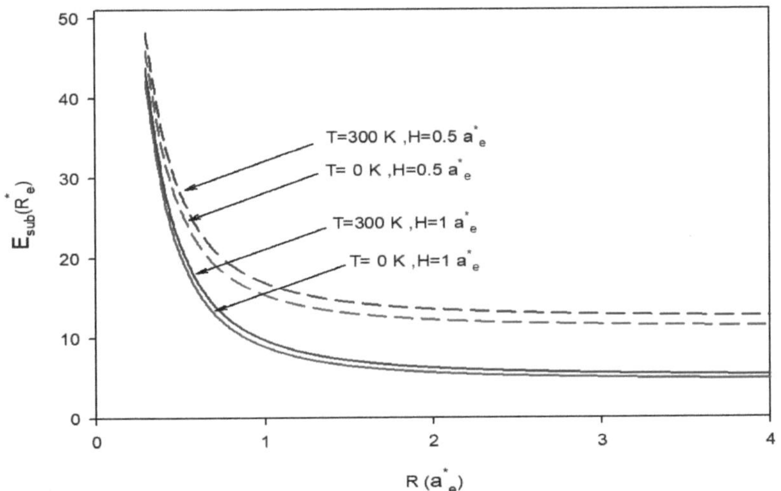

Figura 3.5: Variação da energia da sub-banda em função do raio QB para diferentes valores de H e temperatura.

a_e^* et a_e^* Para compreender estes resultados, *a Figura 3.5 mostra* a energia da sub-banda em função do raio para diferentes temperaturas ($T = 0$ e 300 K) e diferentes alturas

H (H=0,5 1). A fração molar de alumínio é fixada em $x = 0,3$. $E_{sub} \rightarrow \infty$ E_{sub} Verifica-se que para cada valor de T, a energia quando $R \rightarrow 0$. Para R fixo, é uma função crescente de T, e quando $R \rightarrow \infty$, obtemos o limite do poço quântico.

Na *Figura 3.6,* a energia da sub-banda apresenta o mesmo comportamento em função da altura H relativamente ao raio R; diminui com o aumento da altura da caixa. Estes resultados estão qualitativamente de acordo com os obtidos no caso do efeito do tamanho sobre os estados dos excitões na QB cilíndrica com um modelo clássico de confinamento [21]. Note-se que efeito da temperatura é da mesma natureza para grandes alturas de QB.

Além disso, para cada valor de temperatura, observamos uma diminuição do tamanho da caixa, o que leva a um aumento da energia da sub-banda do tríon. Isto significa que o excitão carregado permanece estável mesmo à temperatura ambiente. Este comportamento justifica o facto de os efeitos de tamanho induzirem um extra-confinamento para além do confinamento potencial adotado. É também importante notar que, para cada valor de tamanho, a energia da sub-banda aumenta com o aumento de T, o que tende a reduzir a atração eletrão-buraco, e consequentemente o excitão carregado perde a sua estabilidade. O interesse prático destes efeitos opostos pode ser explorado para melhorar as propriedades ópticas ligadas à existência de tríons a diferentes temperaturas, mantendo o tamanho do QB.

$1a_e^*=1a_e^*$Para dar uma representação clara do comportamento da energia de sub-banda para diferentes temperaturas, representámos na *Figura 3.7* a energia de sub-banda do excitão carregado negativamente em função da concentração de *alumínio x* para um raio R= e uma altura H. Verifica-se que a energia da sub-banda depende fortemente da fração molar x no material da barreira. Para cada valor de temperatura T, a energia da sub-banda segue uma variação quase linear com a concentração x, e esta variação torna-se significativa para valores de temperatura mais elevados. É também importante notar que a função de onda excitónica se estende facilmente para fora do QB para materiais de barreira ligeiramente dopados com alumínio. Como se pode ver na figura anterior, a energia da sub-banda é também importante no caso de QB de pequena dimensão, favorecendo a estabilidade do tríon e, portanto, a possibilidade da sua deteção, o que não existe nos semicondutores a granel.

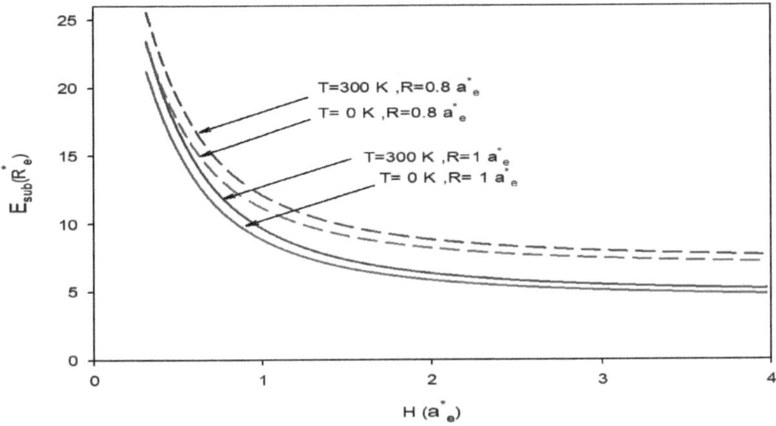

Figura 3.6: *Variação da energia da sub-banda em função da altura do cilindro para diferentes valores do raio R e da temperatura T.*

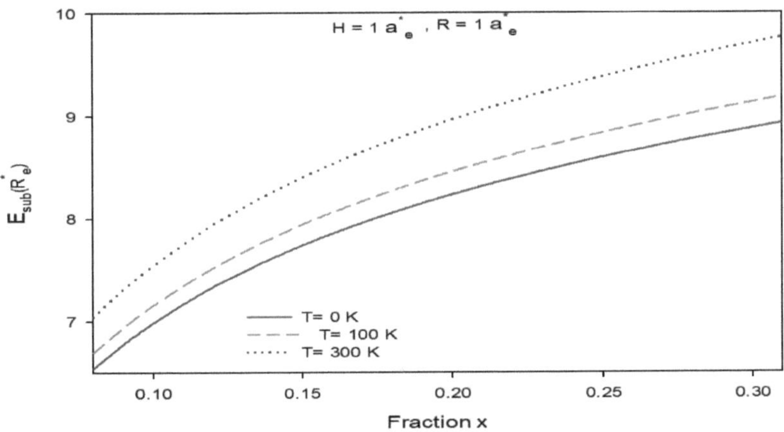

$x(T = 0K, 100K, 300K)H$ etR $fixées$ a_e^**Figura 3.7*: *Variação da energia da sub-banda em função da fração molar , para diferentes temperaturas com a 1 .*

As duas figuras seguintes mostram a energia da sub-banda de um excitão carregado negativamente em função da temperatura e do tamanho do QB, no caso de um poço infinito.

Para estudar a influência do raio da QB e da temperatura T na não-correlação electrão1-electrão2-buraco no nosso modelo de confinamento de potencial infinito, ilustramos na **Figura 3.8** a evolução da energia não correlacionada em função do raio da caixa para diferentes valores da altura H e da temperatura. Utilizamos a definição clássica da energia da sub-banda dada pela soma das energias do eletrão e do buraco. É evidente que a energia da sub-banda aumenta à medida que o raio diminui. Por outras palavras, a largura do poço é reduzida até que energia da sub-banda tenda para o infinito. Este comportamento é devido ao modelo de potencial de confinamento infinito considerado. A energia da sub-banda sofre um aumento considerável com a variação da temperatura, para cada valor do raio R.

$= a_e^* \, a_e^*$ **A figura 3.9** mostra o comportamento da energia da sub-banda em função da altura do cilindro quântico, para diferentes valores do raio R ($R\ 1$, 0,5) e da temperatura T (0 e 300 K). Verificamos que a energia da sub-banda aumenta acentuadamente com a diminuição da altura H, tornando-se significativa em relação à apresentada na figura anterior. Este comportamento deve-se ao confinamento lateral, que é mais forte do que o confinamento axial. Para um valor fixo de H, a energia da sub-banda aumenta com o aumento de T

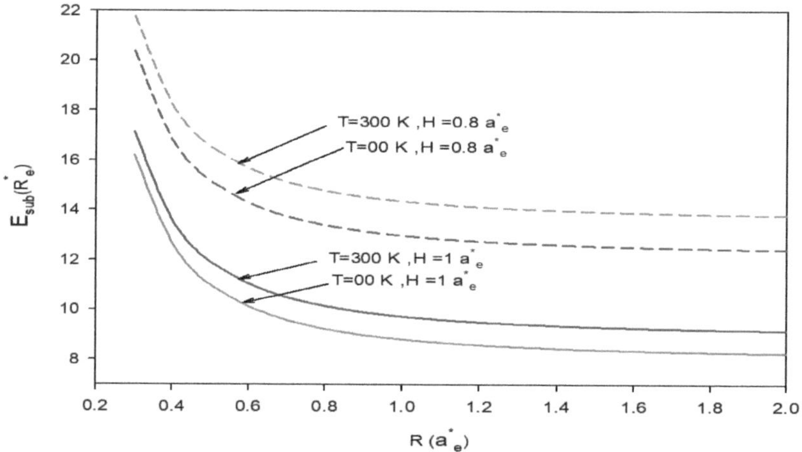

$(T\ =\ 0K, 300K)a_e^* a_e^*$ **Figura 3.8:** *Variação da energia da sub-banda em função do raio R do cilindro, para diferentes temperaturas e diferentes alturas (H= 1 ,0,8).*

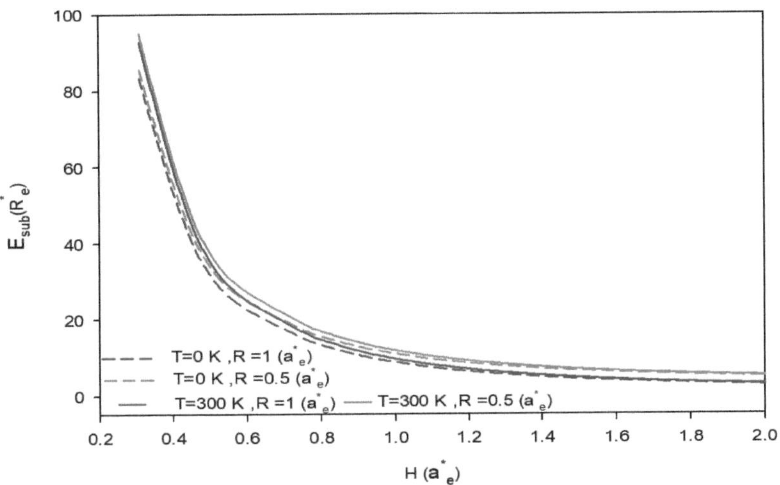

$(T = 0K, 300K)a_e^* a_e^*$ **Figura 3.9:** *Variação da energia da sub-banda em função da altura H do cilindro, para diferentes temperaturas e diferentes raios (R= 1 ,0,5).*

Conclusão

Neste capítulo, avaliámos a energia de sub-banda de um excitão carregado negativamente em função da temperatura num QB cilíndrico. $GaAs/Ga_{1-x}Al_xAs$ A altura da barreira de potencial determinada pela descontinuidade dos gaps de banda na interface da heteroestrutura mostrou alguma dependência com a temperatura. Também examinámos o efeito da temperatura na energia de não-correlação no modelo de confinamento de potencial finito e infinito.

No que diz respeito à energia da sub-banda, ao diminuir o raio da lata, esta energia segue uma função crescente até ao infinito. Discutimos a dependência desta energia das dimensões da lata, da fração molar de alumínio x e da temperatura.

A nossa principal contribuição neste capítulo foi o efeito da temperatura na energia não-correlacionada do tríon negativo para dois modelos de confinamento, finito e infinito. Tanto quanto sabemos, este é o primeiro estudo a avaliar este efeito num QB de geometria cilíndrica, o que nos permitiu também comparar qualitativamente os nossos resultados com os obtidos por [21-22] tratando o caso de tríons negativos e positivos. Este é um passo preliminar que permitirá realizar estudos mais complexos posteriormente, tendo em conta o efeito da pressão, do campo elétrico e dos fónons.

Bibliografia

[1]Lampert, Murray A. *Physical Review Letters* 1 (1958) 450.

[2]Wannier, Gregory H. *Physical Review* 52 (1937) 191.

[3]Haynes, J. R. *Physical Review Letters* 4 (1960) 361.

[4] Thomas, D. G., e J. J. Hopfield. *Physical Review* 128 (1962) 2135.

[5]D. C. Reynolds, C. W. Litton, e T. C. Collins. *Physical Review140* (1965) A1726.

[6] Dean, P. J., Fischer, B., Herbert, D. C., Lagois, J., & Yu, P. Y. . *Excitões*". Vol. 14. Springer Science & Business Media, (2012).

[7]Pokutnyi, S. I. *Semiconductors* 47 (2013) 1626-1635.

[8]A. La Guillaume, C. Benoît. *Phys. Rev.*177 (1969) 567.

[9]Haken, H., e S. Nikitine. "Excitões a altas densidades". *Springer Tracts Mod. Phys* 73 (1975).

[10]Davydov, A. "*Teoria dos excitões moleculares*". Springer, (2013).

[11]Tsuchiya, Takuma. *Journal of luminescence* 87 (2000) 509-511.

[12]Munschy, G., e B. Stébé. *physica status solidi (b)* 64 (1974: 213-222.

[13]Teran, F. J., Eaves, L., Mansouri, L., Buhmann, H., Maude, D. K., Potemski, M. *Physical Review B* 71 (2005) 161309.

[14]Stébé, B., A. Ainane. *Superlattices and microstructures* 5 (1989) 545-548.

[15]Thilagam, A. *Physical Review B* 55 (1997) 7804.

[16] Thomas, G. A., and T. M. Rice. *Solid State Communications* 23 (1977) 359-363.

[17]B. Stébé, Thèsed'Etat, Metz (1977).

[18]Shields, A. J. Osborne, J. L., Simmons, M. Y., Pepper, M., e Ritchie, D. A. *Physical Review B52* (1995) R5523.

[19]Finkelstein, G., Shtrikman, H., e Bar-Joseph, I. *Physical Review B* 53 (1996) R1709.

[20]Wu, Shudong, e Li Wan. *Journal of Applied Physics111* (2012) 063711.

[21] Chafai, A., Essaoudi, I., Ainane, A., Dujardin, F., e Ahuja, R. *Physica E: Low-dimensional Systems and Nanostructures* 101 (2018) 125-130.

[22]Kezerashvili, R. Ya, e Kezerashvili, R. Y., Machavariani, Z. S., Beradze, B., eTchelidzearXivpreprint *arXiv: 1804.11030* (2018).

Conclusão geral

O objetivo do trabalho aqui apresentado foi determinar o espetro de energia dos éxcitons e tríons negativos em função das dimensões, temperatura e pressão do QB. Assume-se que os éxcitões e triões estudados estão confinados numa QB cilíndrica baseada num semicondutor. Ao longo deste trabalho, o quadro de aproximações que considerámos judicioso é o que tem em conta o princípio variacional, o método da massa efectiva e a noção de função de envelope. Representámos o confinamento quântico como um poço de potencial finito e infinito.

No primeiro capítulo, revimos os fundamentos da física dos semicondutores e expusemos os vários princípios e métodos de aproximação utilizados para descrever as estruturas electrónicas e as propriedades ópticas dos semicondutores.

No segundo capítulo, começámos por apresentar as principais caraterísticas nosso modelo teórico, que nos permitiu determinar o espetro de energia do excitão confinado no QB cilíndrico sob o efeito da pressão e da temperatura. Essencialmente, avaliar a energia de ligação. Esta energia depende fortemente do tamanho da caixa, da concentração de alumínio no material da barreira e do efeito da pressão e da temperatura. $R \to \infty, H \to \infty, R \to 0 \, et \, H \to 0$A função de envelope escolhida permitiu-nos examinar os diferentes casos de fronteira. Nos dois últimos casos, a aproximação da massa efectiva perde a sua validade. Mostrámos também que a função de onda do eletrão está principalmente confinada à região central e diminui à medida que o tamanho da caixa aumenta devido ao tunelamento do eletrão no material da barreira. Em relação às propriedades ópticas, determinámos a energia de fotoluminescência integrada. Esta energia é sensível ao tamanho da caixa, à temperatura, à pressão e à altura da barreira potencial induzida pela fração molar de alumínio.

$(GaAs)$ No terceiro capítulo, examinámos o efeito da temperatura nos estados de excitões carregados negativamente num QB cilíndrico de arsénio e gálio embebido no mesmo material de barreira dopado com fracções molares de alumínio. Encontrámos uma elevada sensibilidade da energia de não-correlação em função da variação da temperatura, o que nos levou a utilizar esta energia para sugerir a possibilidade de detetar linhas de triões excitónicos à temperatura ambiente. Este resultado é de grande importância científica e tecnológica, uma vez que nos permite operar nas ordens de temperatura mais adequadas e até tirar partido das propriedades dos excitões carregados nessas ordens e nas condições a escolher.

No interesse de examinar a estabilidade dos triões excitónicos em QBs em função da temperatura, estudámos também no capítulo 3 a influência da temperatura no espetro de energia dos triões negativos num modelo de confinamento infinito. A energia da sub-banda foi amplamente discutida

É altamente desejável que estes resultados sejam explorados e experimentados, com vista a enriquecê-los e a dar-lhes a dimensão que merecem. Em termos de perspectivas, o estudo que realizámos neste trabalho abre uma nova via para outros estudos sobre efeitos dos campos externos no espetro de energia dos triões excitónicos negativos e positivos e dos biexcitões, bem como sobre o seu acoplamento com os fónons ópticos.

Apêndice A

Este apêndice apresenta os pormenores dos cálculos úteis relativos à coordenada cilíndrica utilizada nos Capítulos 2 e 3. Coincide com as expressões do integral sobre o espaço de configuração das duas partículas de uma função invariante por rotação global do sistema em torno do eixo do cilindro.

$\rho_1, z_1, \rho_2, z_2, \rho, \psi$ Desde que consideremos apenas operadores "A" envolvendo as variáveis, é uma função destas 5 variáveis. $F(\rho_1, z_1, \rho_2, z_2, \rho,)$ O problema consiste então em mostrar que o integral de uma função, quando as partículas duplas descrevem todo o espaço, pode ser colocado sob a forma de um integral quíntuplo:

$$\int_{-\infty}^{+\infty} dx_e \int_{-\infty}^{+\infty} dy_e \int_{-\infty}^{+\infty} dz_e \int_{-\infty}^{+\infty} dx_h \int_{-\infty}^{+\infty} dy_h \int_{-\infty}^{+\infty} dz_h F(\rho_e, z_e, \rho_h, z_h, \rho_{eh})$$

$$= \int_0^{+\infty} d\rho_e \int_{-\infty}^{+\infty} dz_1 \int_0^{+\infty} d\rho_h \int_{-\infty}^{+\infty} dz_2 \int_{|\rho_e - \rho_h|}^{(\rho_e - \rho_h)} d\rho_{eh} F(\rho_e, z_h, \rho_h, z_h, \rho_{eh}) W(\rho_1, z_e, \rho_2, z_h, \rho_{eh})$$

$W(\rho_e, z_e, \rho_h, z_h, \rho_{eh}) = \rho_e \rho_h$ Quando passamos das coordenadas cartesianas para as coordenadas cilíndricas, vemos uma função de ponderação . P_i Finalmente, a expressão torna-se :

$$P_i = 8\pi \int_0^\infty d\rho_e \int_0^\infty d\rho_h \int_{|\rho_e - \rho_h|}^{\rho_e + \rho_h} \frac{F_i(\rho_e, \rho_h, \rho_{eh}) \rho_e \rho_h \rho_{eh}}{\sqrt{[(\rho_e + \rho_h)^2 - \rho_{eh}^2][\rho_{eh}^2 - (\rho_e + \rho_h)^2]}} d\rho_{eh}$$

$$P_1 = 8\pi R^4 [I_1 + A_e^2 I_2 + A_h^2 I_3 + A_e^2 A_h^2 I_4]$$
$$P_3 = 8\pi R^4 [I_5 + A_e^2 I_6 + A_h^2 I_7 + A_e^2 A_h^2 I_8]$$
$$P_4 = -8\pi R^3 \frac{1}{(1+\sigma)} [\theta_e R I_9 + \beta_e A_e^2 R I_{10} + \theta_e A_h^2 I_{11} + \beta_e A_e^2 A_h^2 R I_{12}]$$
$$P_5 = -8\pi R^3 \frac{\sigma}{(1+\sigma)} [\theta_h R I_{13} + \theta_h A_e^2 R I_{14} + \beta_h A_h^2 I_{15} + \beta_h A_e^2 A_h^2 R I_{16}]$$
$$P_7 = 8\pi R^4 [I_1 + A_h^2 I_3]$$

E

$$P_7 = 8\pi R^4 [I_1 + A_e^2 I_2]$$

ou

$$I_1 = \int_0^1 \int_0^1 \int_{R|x-y|}^{R(x+y)} xyu J_0^2(\theta_e x) J_0^2(\theta_h y) \frac{\exp(-2\alpha Ru)}{\{[(x+y)^2 - u^2][u^2 - (x-y)^2]\}} dxdydu$$

$$I_2 = \int_0^1 \int_0^1 \int_{R|x-y|}^{R(x+y)} \frac{1}{x^3} yu K_0^2(\beta_e \frac{R}{x}) J_0^2(\theta_h y) \frac{\exp(-2\alpha Ru)}{\left\{\left[\left(\frac{1}{x}+y\right)^2 - u^2\right]\left[u^2 - \left(\frac{1}{x}-y\right)^2\right]\right\}} dxdydu$$

$$I_3 = \int_0^1 \int_0^1 \int_{R|x-y|}^{R(x+y)} x \frac{1}{y^3} u J_0^2(\theta_e x) K_0^2(\beta_h \frac{R}{y}) \frac{\exp(-2\alpha Ru)}{\left\{\left[\left(x+\frac{1}{y}\right)^2 - u^2\right]\left[u^2 - \left(x-\frac{1}{y}\right)^2\right]\right\}} dxdydu$$

$$I_4 = \int_0^1 \int_0^1 \int_{R|x-y|}^{R(x+y)} \frac{1}{x^3} \frac{1}{y^3} u K_0^2\left(\beta_e \frac{R}{x}\right) K_0^2\left(\beta_h \frac{R}{y}\right) \frac{\exp(-2\alpha Ru)}{\left\{\left[\left(\frac{1}{x}+\frac{1}{y}\right)^2 - u^2\right]\left[u^2 - \left(\frac{1}{x}-\frac{1}{y}\right)^2\right]\right\}} \, dx\, dy\, du$$

$$I_5 = \int_0^1 \int_0^1 \int_{R|x-y|}^{R(x+y)} xy J_0^2(\theta_e x) J_0^2(\theta_h y) \frac{\exp(-2\alpha Ru)}{\{[(x+y)^2 - u^2][u^2 - (x-y)^2]\}} \, dx\, dy\, du$$

$$I_6$$
$$= \int_0^1 \int_0^1 \int_{R|x-y|}^{R(x+y)} \frac{1}{x^3} y K_0^2\left(\beta_e \frac{R}{x}\right) J_0^2(\theta_h y) \frac{\exp(-2\alpha Ru)}{\left\{\left[\left(\frac{1}{x}+y\right)^2 - u^2\right]\left[u^2 - \left(\frac{1}{x}-y\right)^2\right]\right\}} \, dx\, dy\, du$$

$$I_7$$
$$= \int_0^1 \int_0^1 \int_{R|x-y|}^{R(x+y)} x \frac{1}{y^3} J_0^2(\theta_e x) K_0^2\left(\beta_h \frac{R}{y}\right) \frac{\exp(-2\alpha Ru)}{\left\{\left[\left(x+\frac{1}{y}\right)^2 - u^2\right]\left[u^2 - \left(x-\frac{1}{y}\right)^2\right]\right\}} \, dx\, dy\, du$$

$$I_8$$
$$= \int_0^1 \int_0^1 \int_{R|x-y|}^{R(x+y)} \frac{1}{x^3} \frac{1}{y^3} K_0^2\left(\beta_e \frac{R}{x}\right) K_0^2\left(\beta_h \frac{R}{y}\right) \frac{\exp(-2\alpha Ru)}{\left\{\left[\left(\frac{1}{x}+\frac{1}{y}\right)^2 - u^2\right]\left[u^2 - \left(\frac{1}{x}-\frac{1}{y}\right)^2\right]\right\}} \, dx\, dy\, d$$

$$I_9$$
$$= \int_0^1 \int_0^1 \int_{R|x-y|}^{R(x+y)} y(u^2 + x^2$$
$$- y^2) J_0(\theta_e x) J_1(\theta_e x) J_0^2(\theta_h y) \frac{\exp(-2\alpha Ru)}{\{[(x+y)^2 - u^2][u^2 - (x-y)^2]\}} \, dx\, dy\, du$$

$$I_{10}$$
$$= \int_0^1 \int_0^1 \int_{R|x-y|}^{R(x+y)} \frac{1}{x^2} y\left(u^2 + \frac{1}{x^2}\right.$$
$$\left. - y^2\right) K_0\left(\beta_e \frac{R}{x}\right) K_1\left(\beta_e \frac{R}{x}\right) J_0^2(\theta_h y) \frac{\exp(-2\alpha Ru)}{\left\{\left[\left(\frac{1}{x}+y\right)^2 - u^2\right]\left[u^2 - \left(\frac{1}{x}-y\right)^2\right]\right\}} \, dx\, dy\, du$$

$$I_{11}$$
$$= \int_0^1 \int_0^1 \int_{R|x-y|}^{R(x+y)} x \frac{1}{y^3}\left(u^2 + x^2\right.$$
$$\left. - \frac{1}{y^2}\right) J_0(\theta_e x) J_1(\theta_e x) K_0\left(\beta_h \frac{R}{y}\right) \frac{\exp(-2\alpha Ru)}{\left\{\left[\left(x+\frac{1}{y}\right)^2 - u^2\right]\left[u^2 - \left(x-\frac{1}{y}\right)^2\right]\right\}} \, dx\, dy\, du$$

$$I_{12}$$
$$= \int_0^1 \int_0^1 \int_{R|x-y|}^{R(x+y)} \frac{1}{x^2} \frac{1}{y^3}\left(u^2 + \frac{1}{x^2}\right.$$
$$\left. - \frac{1}{y^2}\right) K_0\left(\beta_e \frac{R}{x}\right) K_1\left(\beta_e \frac{R}{x}\right) K_0\left(\beta_h \frac{R}{y}\right) \frac{\exp(-2\alpha Ru)}{\left\{\left[\left(\frac{1}{x}+\frac{1}{y}\right)^2 - u^2\right]\left[u^2 - \left(\frac{1}{x}-\frac{1}{y}\right)^2\right]\right\}} \, dx\, dy\, du$$

$$I_{13}$$
$$= \int_0^1 \int_0^1 \int_{R|x-y|}^{R(x+y)} x(u^2 + x^2$$
$$- y^2) J_0(\theta_e x) J_1(\theta_e x) J_0^2(\theta_h y) \frac{\exp(-2\alpha R u)}{\{[(x+y)^2 - u^2][u^2 - (x-y)^2]\}} dx\,dy\,du$$

$$I_{14}$$
$$= \int_0^1 \int_0^1 \int_{R|x-y|}^{R(x+y)} \frac{1}{x^3} \Big(u^2 + y^2$$
$$- \frac{1}{x^2} \Big) K_0 \Big(\beta_e \frac{R}{x} \Big) K_1 \Big(\beta_e \frac{R}{x} \Big) J_0^2(\theta_h y) \frac{\exp(-2\alpha R u)}{\left\{ \left[\left(x + \frac{1}{y} \right)^2 - u^2 \right] \left[u^2 - \left(x - \frac{1}{x} \right)^2 \right] \right\}} dx\,dy\,du$$

$$I_{15}$$
$$= \int_0^1 \int_0^1 \int_{R|x-y|}^{R(x+y)} x \frac{1}{y^2} \Big(u^2 + x^2$$
$$- \frac{1}{y^2} \Big) J_0^2(\theta_e x) k_1 \Big(\beta_h \frac{R}{y} \Big) K_0 \Big(\beta_h \frac{R}{y} \Big) \frac{\exp(-2\alpha R u)}{\left\{ \left[\left(x + \frac{1}{y} \right)^2 - u^2 \right] \left[u^2 - \left(x - \frac{1}{y} \right)^2 \right] \right\}} dx\,dy\,du$$

$$I_{16}$$
$$= \int_0^1 \int_0^1 \int_{R|x-y|}^{R(x+y)} \frac{1}{x^3} \frac{1}{y^2} \Big(u^2 + \frac{1}{x^2}$$
$$- \frac{1}{y^2} \Big) K_0^2 \Big(\beta_e \frac{R}{x} \Big) K_0 \Big(\beta_h \frac{R}{y} \Big) K_1 \Big(\beta_h \frac{R}{y} \Big) \frac{\exp(-2\alpha R u)}{\left\{ \left[\left(\frac{1}{x} + \frac{1}{y} \right)^2 - u^2 \right] \left[u^2 - \left(\frac{1}{x} - \frac{1}{y} \right)^2 \right] \right\}} dx\,dy\,du$$

O mesmo se aplica ao integral *de Zi*, e depois de desenvolver a sua expressão obtemos :

$$Z_1 = \frac{H^2}{4} (B_e^2 J_1 + B_e^2 J_2 + B_h^2 J_3 + B_h^2 J_4 + B_e^2 B_h^2 J_5 + B_e^2 B_h^2 J_6 + B_e^2 B_h^2 J_7 + B_e^2 B_h^2 J_8 + J_9)$$

$$J_1 = \int_0^1 \int_{-1}^1 \frac{1}{x^2} \exp\Big(-2K_e \frac{H}{x} \Big) \cos^2\Big(\pi_h \frac{y}{2} \Big) \exp\Big(-\frac{H^2}{2} \gamma \Big(\frac{1}{x} + y \Big)^2 \Big) dx\,dy$$

$$J_2 = \int_0^1 \int_{-1}^1 \frac{1}{x^2} \exp\Big(-2K_e \frac{H}{x} \Big) \cos^2\Big(\pi_h \frac{y}{2} \Big) \exp\Big(-\frac{H^2}{2} \gamma \Big(\frac{1}{x} - y \Big)^2 \Big) dx\,dy$$

$$J_3 = \int_{-1}^1 \int_0^1 \frac{1}{y^2} \cos^2\Big(\pi_e \frac{x}{2} \Big) \exp\Big(-2K_h \frac{H}{y} \Big) \exp\Big(-\frac{H^2}{2} \gamma \Big(x + \frac{1}{y} \Big)^2 \Big) dx\,dy$$

$$J_4 = \int_{-1}^1 \int_0^1 \frac{1}{y^2} \cos^2\Big(\pi_e \frac{x}{2} \Big) \exp\Big(-2K_h \frac{H}{y} \Big) \exp\Big(-\frac{H^2}{2} \gamma \Big(x - \frac{1}{y} \Big)^2 \Big) dx\,dy$$

$$J_5 = \int_0^1 \int_0^1 \frac{1}{x^2} \frac{1}{y^2} \exp\Big(-2K_e \frac{H}{x} \Big) \exp\Big(-2K_h \frac{H}{y} \Big) \exp\Big(-\frac{H^2}{2} \gamma \Big(\frac{1}{x} - \frac{1}{y} \Big)^2 \Big) dx\,dy$$

$$J_6 = \int_0^1 \int_0^1 \frac{1}{x^2} \frac{1}{y^2} \exp\Big(-2K_e \frac{H}{x} \Big) \exp\Big(-2K_h \frac{H}{y} \Big) \exp\Big(-\frac{H^2}{2} \gamma \Big(\frac{1}{x} - \frac{1}{y} \Big)^2 \Big) dx\,dy$$

$$J_7 = \int_0^1 \int_0^1 \frac{1}{x^2} \frac{1}{y^2} \exp\Big(-2K_e \frac{H}{x} \Big) \exp\Big(-2K_h \frac{H}{y} \Big) \exp\Big(-\frac{H^2}{2} \gamma \Big(\frac{1}{x} + \frac{1}{y} \Big)^2 \Big) dx\,dy$$

$$J_8 = \int_0^1 \int_0^1 \frac{1}{x^2} \frac{1}{y^2} \exp\Big(-2K_e \frac{H}{x} \Big) \exp\Big(-2K_h \frac{H}{y} \Big) \exp\Big(-\frac{H^2}{2} \gamma \Big(\frac{1}{x} + \frac{1}{y} \Big)^2 \Big) dx\,dy$$

$$J_9 = \int_{-1}^{1} \int_{-1}^{1} \cos^2\left(\pi_e \frac{x}{2}\right) \cos^2\left(\pi_h \frac{y}{2}\right) exp\left(-\frac{H^2}{2}\gamma(x+y)^2\right) dxdy$$

$$Z_2 = \frac{H^4}{16}\left(B_e^2 J_{10} + B_e^2 J_{11} + B_h^2 J_{12} + B_h^2 J_{13} + B_e^2 B_h^2 J_{14} + B_e^2 B_h^2 J_{15} + B_e^2 B_h^2 J_{16} + B_e^2 B_h^2 J_{17} + J_{18}\right)$$

$$J_{10} = \int_0^1 \int_{-1}^1 \frac{1}{x^2}\left(\frac{1}{x}+y\right)^2 exp\left(-2K_e\frac{H}{x}\right) \cos^2\left(\pi_h\frac{y}{2}\right) exp\left(-\frac{H^2}{2}\gamma\left(\frac{1}{x}+y\right)^2\right) dxdy$$

$$J_{11} = \int_0^1 \int_{-1}^1 \frac{1}{x^2}\left(\frac{1}{x}-y\right)^2 exp\left(-2K_e\frac{H}{x}\right) \cos^2\left(\pi_h\frac{y}{2}\right) exp\left(-\frac{H^2}{2}\gamma\left(\frac{1}{x}-y\right)^2\right) dxdy$$

$$J_{12} = \int_{-1}^1 \int_0^1 \frac{1}{y^2}\left(x+\frac{1}{y}\right)^2 \cos^2\left(\pi_e\frac{x}{2}\right) exp\left(-2K_h\frac{H}{y}\right) exp\left(-\frac{H^2}{2}\gamma\left(x+\frac{1}{y}\right)^2\right) dxdy$$

$$J_{13} = \int_{-1}^1 \int_0^1 \frac{1}{y^2}\left(x-\frac{1}{y}\right)^2 \cos^2\left(\pi_e\frac{x}{2}\right) exp\left(-2K_h\frac{H}{y}\right) exp\left(-\frac{H^2}{2}\gamma\left(x-\frac{1}{y}\right)^2\right) dxdy$$

$$J_{14} = \int_0^1 \int_0^1 \frac{1}{x^2}\frac{1}{y^2}\left(\frac{1}{x}-\frac{1}{y}\right)^2 exp\left(-2K_e\frac{H}{x}\right) exp\left(-2K_h\frac{H}{y}\right) exp\left(-\frac{H^2}{2}\gamma\left(\frac{1}{x}-\frac{1}{y}\right)^2\right) dxdy$$

$$J_{15} = \int_0^1 \int_0^1 \frac{1}{x^2}\frac{1}{y^2}\left(\frac{1}{x}-\frac{1}{y}\right)^2 exp\left(-2K_e\frac{H}{x}\right) exp\left(-2K_h\frac{H}{y}\right) exp\left(-\frac{H^2}{2}\gamma\left(\frac{1}{x}-\frac{1}{y}\right)^2\right) dxdy$$

$$J_{16} = \int_0^1 \int_0^1 \frac{1}{x^2}\frac{1}{y^2}\left(\frac{1}{x}+\frac{1}{y}\right)^2 exp\left(-2K_e\frac{H}{x}\right) exp\left(-2K_h\frac{H}{y}\right) exp\left(-\frac{H^2}{2}\gamma\left(\frac{1}{x}+\frac{1}{y}\right)^2\right) d\,xdy$$

$$J_{17} = \int_0^1 \int_0^1 \frac{1}{x^2}\frac{1}{y^2}\left(\frac{1}{x}+\frac{1}{y}\right)^2 exp\left(-2K_e\frac{H}{x}\right) exp\left(-2K_h\frac{H}{y}\right) exp\left(-\frac{H^2}{2}\gamma\left(\frac{1}{x}+\frac{1}{y}\right)^2\right) dxdy$$

$$J_{18} = \int_{-1}^1 \int_{-1}^1 (x+y)^2\cos^2\left(\pi_e\frac{x}{2}\right)\cos^2\left(\pi_h\frac{y}{2}\right) exp\left(-\frac{H^2}{2}\gamma(x+y)^2\right) dxdy$$

$$Z_3 = -\frac{H^3}{16}\left(K_e B_e^2 J_{10} + K_e B_e^2 J_{11} + K_e B_e^2 B_h^2 J_{14} + K_e B_e^2 B_h^2 J_{15} + K_e B_e^2 B_h^2 J_{16} + K_e B_e^2 B_h^2 J_{17} - \frac{\pi_e}{H} B_h^2 J_{19} - \frac{\pi_e}{H} B_h^2 J_{20} - \frac{\pi_e}{H} J_{21}\right)$$

$$J_{19} = \int_{-1}^1 \int_0^1 \frac{1}{x^2}\left(\frac{1}{x}+y\right)^2 exp\left(-2K_h\frac{H}{x}\right)\sin\left(\pi_e\frac{y}{2}\right)\cos\left(\pi_e\frac{y}{2}\right) exp\left(-\frac{H^2}{2}\gamma\left(\frac{1}{x}+y\right)^2\right) dxdy$$

$$J_{20} = \int_{-1}^{1}\int_{0}^{1} \frac{1}{x^2}\left(\frac{1}{x}\right.$$
$$\left. - y\right)^2 exp\left(-2K_h\frac{H}{x}\right)\sin\left(\pi_e\frac{y}{2}\right)\cos\left(\pi_e\frac{y}{2}\right)exp\left(-\frac{H^2}{2}\gamma\left(\frac{1}{x}\right.\right.$$
$$\left.\left. - y\right)^2\right)dxdy$$

$$J_{21} = \int_{-1}^{1}\int_{-1}^{1}(x+y)^2\cos^2\left(\pi_h\frac{x}{2}\right)\sin\left(\pi_e\frac{y}{2}\right)\cos\left(\pi_e\frac{y}{2}\right)exp\left(-\frac{H^2}{2}\gamma(x+y)^2\right)dxdy$$

$$Z_4 = -\frac{H^3}{8}\left(K_h B_h^2 J_{12} + K_h B_h^2 J_{13} + K_h B_e^2 B_h^2 J_{14} + K_h B_e^2 B_h^2 J_{15} + K_h B_e^2 B_h^2 J_{16}\right.$$
$$\left. + K_h B_e^2 B_h^2 J_{17} - \frac{\pi_h}{H}B_e^2 J_{22} - \frac{\pi_h}{H}B_e^2 J_{23} - \frac{\pi_h}{H}J_{24}\right)$$

$$J_{22} = \int_{0}^{1}\int_{-1}^{1} \frac{1}{x^2}\left(\frac{1}{x}\right.$$
$$\left. + y\right)^2 exp\left(-2K_e\frac{H}{x}\right)\sin\left(\pi_h\frac{y}{2}\right)\cos\left(\pi_h\frac{y}{2}\right)exp\left(-\frac{H^2}{2}\gamma\left(\frac{1}{x}\right.\right.$$
$$\left.\left. + y\right)^2\right)dxdy$$

$$J_{23} = \int_{0}^{1}\int_{-1}^{1} \frac{1}{x^2}\left(\frac{1}{x}\right.$$
$$\left. - y\right)^2 exp\left(-2K_e\frac{H}{x}\right)\sin\left(\pi_h\frac{y}{2}\right)\cos\left(\pi_h\frac{y}{2}\right)exp\left(-\frac{H^2}{2}\gamma\left(\frac{1}{x}\right.\right.$$
$$\left.\left. - y\right)^2\right)dxdy$$

$$J_{24} = \int_{-1}^{1}\int_{-1}^{1}(x+y)^2\cos^2\left(\pi_e\frac{x}{2}\right)\sin\left(\pi_h\frac{y}{2}\right)\cos\left(\pi_h\frac{y}{2}\right)exp\left(-\frac{H^2}{2}\gamma(x+y)^2\right)dxdy$$

$\langle V_{coul}\rangle$Integrais do operador de energia potencial de Coulomb .

$$Z_c = \frac{H^2}{4}\left(B_e^2 J_{25} + B_e^2 J_{26} + B_h^2 J_{27} + B_h^2 J_{28} + B_e^2 B_h^2 J_{29} + B_e^2 B_h^2 J_{30} + B_e^2 B_h^2 J_{31}\right.$$
$$\left. + B_e^2 B_h^2 J_{32} + J_{33}\right)$$

$$J_{25} = \int_{0}^{1}\int_{-1}^{1} \frac{1}{x^2} exp\left(-2K_e\frac{H}{x}\right)\cos^2\left(\pi_h\frac{y}{2}\right)\frac{exp\left(-\frac{H^2}{2}\gamma\left(\frac{1}{x}+y\right)^2\right)}{\frac{P_1(\alpha,R)}{P_3(\alpha,R)}+\frac{H}{2}\left|\frac{1}{x}+y\right|}dxdy$$

$$J_{26} = \int_{0}^{1}\int_{-1}^{1} \frac{1}{x^2} exp\left(-2K_e\frac{H}{x}\right)\cos^2\left(\pi_h\frac{y}{2}\right)\frac{exp\left(-\frac{H^2}{2}\gamma\left(\frac{1}{x}-y\right)^2\right)}{\frac{P_1(\alpha,R)}{P_3(\alpha,R)}+\frac{H}{2}\left|\frac{1}{x}-y\right|}dxdy$$

$$J_{27} = \int_{-1}^{1} \int_{0}^{1} \frac{1}{y^2} \cos^2\left(\pi_e \frac{x}{2}\right) exp\left(-2K_h \frac{H}{y}\right) \frac{exp\left(-\frac{H^2}{2}\gamma\left(x+\frac{1}{y}\right)^2\right)}{\frac{P_1(\alpha,R)}{P_3(\alpha,R)} + \frac{H}{2}\left|x+\frac{1}{y}\right|} \, dxdy$$

$$J_{28} = \int_{-1}^{1} \int_{0}^{1} \frac{1}{y^2} \cos^2\left(\pi_e \frac{x}{2}\right) exp\left(-2K_h \frac{H}{y}\right) \frac{exp\left(-\frac{H^2}{2}\gamma\left(x-\frac{1}{y}\right)^2\right)}{\frac{P_1(\alpha,R)}{P_3(\alpha,R)} + \frac{H}{2}\left|x-\frac{1}{y}\right|} \, dxdy$$

$$J_{29} = \int_{0}^{1} \int_{0}^{1} \frac{1}{x^2}\frac{1}{y^2} exp\left(-2K_e \frac{H}{x}\right) exp\left(-2K_h \frac{H}{y}\right) \frac{exp\left(-\frac{H^2}{2}\gamma\left(\frac{1}{x}-\frac{1}{y}\right)^2\right)}{\frac{P_1(\alpha,R)}{P_3(\alpha,R)} + \frac{H}{2}\left|\frac{1}{x}-\frac{1}{y}\right|} \, dxdy$$

$$J_{30} = \int_{0}^{1} \int_{0}^{1} \frac{1}{x^2}\frac{1}{y^2} exp\left(-2K_e \frac{H}{x}\right) exp\left(-2K_h \frac{H}{y}\right) \frac{exp\left(-\frac{H^2}{2}\gamma\left(\frac{1}{x}-\frac{1}{y}\right)^2\right)}{\frac{P_1(\alpha,R)}{P_3(\alpha,R)} + \frac{H}{2}\left|\frac{1}{x}-\frac{1}{y}\right|} \, dxdy$$

$$J_{31} = \int_{0}^{1} \int_{0}^{1} \frac{1}{x^2}\frac{1}{y^2} exp\left(-2K_e \frac{H}{x}\right) exp\left(-2K_h \frac{H}{y}\right) \frac{exp\left(-\frac{H^2}{2}\gamma\left(\frac{1}{x}+\frac{1}{y}\right)^2\right)}{\frac{P_1(\alpha,R)}{P_3(\alpha,R)} + \frac{H}{2}\left|\frac{1}{x}+\frac{1}{y}\right|} \, dxdy$$

$$J_{32} = \int_{0}^{1} \int_{0}^{1} \frac{1}{x^2}\frac{1}{y^2} exp\left(-2K_e \frac{H}{x}\right) exp\left(-2K_h \frac{H}{y}\right) \frac{exp\left(-\frac{H^2}{2}\gamma\left(\frac{1}{x}+\frac{1}{y}\right)^2\right)}{\frac{P_1(\alpha,R)}{P_3(\alpha,R)} + \frac{H}{2}\left|\frac{1}{x}+\frac{1}{y}\right|} \, dxdy$$

$$J_{33} = \int_{-1}^{1} \int_{-1}^{1} \cos^2\left(\pi_e \frac{x}{2}\right) \cos^2\left(\pi_h \frac{y}{2}\right) \frac{exp\left(-\frac{H^2}{2}\gamma(x+y)^2\right)}{\frac{P_1(\alpha,R)}{P_3(\alpha,R)} + \frac{H}{2}|x+y|} \, dxdy$$

Apêndice B

$$\langle \Psi^* | -\left(\frac{d^2}{dr^2} + \frac{1}{r}\frac{d}{dr}\right) | \Psi \rangle = -\int_0^{+\infty} \Psi^*\left(\frac{d^2}{dr^2} + \frac{1}{r}\frac{d}{dr}\right)\Psi\, r\, dr$$

$$I = -\int_0^{+\infty} \Psi^*\left(\frac{d^2}{dr^2} + \frac{1}{r}\frac{d}{dr}\right)\Psi\, r\, dr = -\int_0^{+\infty}\Psi^*\frac{1}{r}\frac{d}{dr}\left(r\frac{d}{dr}\right)\Psi\, r\, dr$$

Ψ Com é a função própria

$$\int u\, dv = uv - \int v\, du$$

$u = \Psi^* \Rightarrow du = \frac{d\,\Psi^*}{dr}\,dr$ Deixar e $dv = \frac{d}{dr}\left(r\frac{d\,\Psi}{dr}\right)dr$ $v = (r\frac{d\,\Psi}{dr})$

Daí que

$$I = -\left[\Psi^* r\frac{d\,\Psi}{dr}\right]_0^{\infty} + \int_0^{+\infty} r\frac{d\Psi}{dr}\frac{d\,\Psi^*}{dr}\,dr$$

$\left[\Psi^* r\frac{d\,\Psi}{dr}\right]_0^{\infty} = 0$ Mas porque $\Psi(\infty) = 0$

$\Psi\Psi^*\,\Psi = \Psi^2, \frac{d\Psi}{dr}\frac{d\,\Psi^*}{dr} \Rightarrow$ É uma real $\left(\frac{d\Psi}{dr}\right)^2$

Isto significa que podemos reescrever a equação

$$I = \int_0^{+\infty} r\frac{d\Psi}{dr}\frac{d\,\Psi^*}{dr}\,dr = \int_0^{+\infty}\left(\frac{d\Psi}{dr}\right)^2 dr$$

P_i O integral é definido por :

$P_1 = \int_0^{+\infty}\int_0^{+\infty}\int_0^{+\infty} (f(r_{e1})\,f(r_{e2})f(r_h)\aleph)^2\, r_{e1}dr_{e1}\,r_{e2}dr_{e2}r_h dr_h$

$P_2 = \int_0^{+\infty}\int_0^{+\infty}\int_0^{+\infty} (f(r_{e1})\,f(r_{e2})f(r_h)\frac{d\aleph}{dr_{e1}})^2\, r_{e1}dr_{e1}\,r_{e2}dr_{e2}r_h dr_h$

$P_3 = \int_0^{+\infty}\int_0^{+\infty}\int_0^{+\infty} \frac{1}{|r_{e1}-r_{e2}|}(f(r_{e1})\,f(r_{e2})f(r_h)\aleph)^2\, r_{e1}dr_{e1}\,r_{e2}dr_{e2}r_h dr_h$

$P_4 = \int_0^{+\infty}\int_0^{+\infty}\int_0^{+\infty} (f(r_{e2})f(r_h))^2 f(r_{e1})f'(r_{e1})\aleph\frac{d\aleph}{dr_{e1}}\, r_{e1}dr_{e1}\,r_{e2}dr_{e2}r_h dr_h$

$P_6 = \int_0^{+\infty}\int_0^{+\infty}\int_0^{+\infty} (f'(r_{e1})\,f(r_{e2})f(r_h)\aleph)^2\, r_{e1}dr_{e1}\,r_{e2}dr_{e2}r_h dr_h$

$P_7 = \int_0^{R}\int_0^{+\infty}\int_0^{+\infty} (f(r_{e1})\,f(r_{e2})f(r_h)\aleph)^2\, r_{e1}dr_{e1}\,r_{e2}dr_{e2}r_h dr_h$

$P_{2A} = \int_0^{+\infty}\int_0^{+\infty}\int_0^{+\infty} (f(r_{e1})\,f(r_{e2})f(r_h)\frac{d\aleph}{dr_{e2}})^2\, r_{e1}dr_{e1}\,r_{e2}dr_{e2}r_h dr_h$

$$P_{3A}=\int_0^{+\infty}\int_0^{+\infty}\int_0^{+\infty}\frac{1}{|r_{e1}-r_h|}(f(r_{e1})\,f(r_{e2})f(r_h)\aleph)^2\,r_{e1}dr_{e1}\,r_{e2}dr_{e2}r_hdr_h$$

$$P_{4A}=\int_0^{+\infty}\int_0^{+\infty}\int_0^{+\infty}(f(r_{e1})f(r_h))^2f(r_{e2})f'(r_{e2})\aleph\frac{d\aleph}{dr_{e2}}r_{e1}dr_{e1}\,r_{e2}dr_{e2}r_hdr_h$$

$$P_{6A}=\int_0^{+\infty}\int_0^{+\infty}\int_0^{+\infty}(f(r_{e1})f'(r_{e2})f(r_h)\aleph)^2\,r_{e1}dr_{e1}\,r_{e2}dr_{e2}r_hdr_h$$

$$P_{7A}=\int_0^{+\infty}\int_0^{R}\int_0^{+\infty}(f(r_{e1})\,f(r_{e2})f(r_h)\aleph)^2\,r_{e1}dr_{e1}\,r_{e2}dr_{e2}r_hdr_h$$

$$P_{2B}=\int_0^{+\infty}\int_0^{+\infty}\int_0^{+\infty}(f(r_{e1})\,f(r_{e2})f(r_h)\frac{d\aleph}{dr_h})^2\,r_{e1}dr_{e1}\,r_{e2}dr_{e2}r_hdr_h$$

$$P_{3B}=\int_0^{+\infty}\int_0^{+\infty}\int_0^{+\infty}\frac{1}{|r_{e2}-r_h|}(f(r_{e1})\,f(r_{e2})f(r_h)\aleph)^2\,r_{e1}dr_{e1}\,r_{e2}dr_{e2}r_hdr_h$$

$$P_{4B}=\int_0^{+\infty}\int_0^{+\infty}\int_0^{+\infty}(f(r_{e1})f(r_{e2}))^2f(r_h)f'(r_h)\aleph\frac{d\aleph}{dr_h}r_{e1}dr_{e1}\,r_{e2}dr_{e2}r_hdr_h$$

$$P_{6B}=\int_0^{+\infty}\int_0^{+\infty}\int_0^{+\infty}(f(r_{e1})\,f(r_{e2})f'(r_h)\aleph)^2\,r_{e1}dr_{e1}\,r_{e2}dr_{e2}r_hdr_h$$

$$P_{7B}=\int_0^{+\infty}\int_0^{+\infty}\int_0^{R}(f(r_{e1})\,f(r_{e2})f(r_h)\aleph)^2\,r_{e1}dr_{e1}\,r_{e2}dr_{e2}r_hdr_h$$

$\aleph$ Com é a função de correlação da parte radial com a expressão : $\aleph=exp[(-\alpha_1|r_{e1}-r_{e2}|-\alpha_2|r_{e1}-r_h|-\alpha_3|r_{e2}-r_h|)]$

z_iO integral é definido por :

$$Z_1=\int_{-\infty}^{+\infty}\int_{-\infty}^{+\infty}\int_{-\infty}^{+\infty}(g(z_{e1})\,g(z_{e2})g(z_h)\zeta)^2\,dz_{e1}\,dz_{e2}dz_h$$

$$Z_2=\int_{-\infty}^{+\infty}\int_{-\infty}^{+\infty}\int_{-\infty}^{+\infty}(g(z_{e1})\,g(z_{e2})g(z_h))^2\left(\frac{d\zeta}{dz_{e1}}\right)^2\,dz_{e1}\,dz_{e2}dz_h$$

$$Z_3=\int_{-\infty}^{+\infty}\int_{-\infty}^{+\infty}\int_{-\infty}^{+\infty}(g(z_{e2})g(z_h))^2g(z_{e1})g'(z_{e1})\zeta\left(\frac{d\zeta}{dz_{e1}}\right)dz_{e1}\,dz_{e2}dz_h$$

$$Z_5=\int_{-\frac{H}{2}}^{+\frac{H}{2}}\int_{-\infty}^{+\infty}\int_{-\infty}^{+\infty}(g(z_{e1})\,g(z_{e2})g(z_h)\zeta)^2\,dz_{e1}\,dz_{e2}dz_h$$

$$Z_{2A}=\int_{-\infty}^{+\infty}\int_{-\infty}^{+\infty}\int_{-\infty}^{+\infty}(g(z_{e1})\,g(z_{e2})g(z_h))^2\left(\frac{d\zeta}{dz_{e2}}\right)^2\,dz_{e1}\,dz_{e2}dz_h$$

$$Z_{3A}=\int_{-\infty}^{+\infty}\int_{-\infty}^{+\infty}\int_{-\infty}^{+\infty}(g(z_{e1})g(z_h))^2g(z_{e2})g'(z_{e2})\zeta\left(\frac{d\zeta}{dz_{e2}}\right)dz_{e1}\,dz_{e2}dz_h$$

$$Z_{5A}=\int_{-\infty}^{+\infty}\int_{-\frac{H}{2}}^{+\frac{H}{2}}\int_{-\infty}^{+\infty}(g(z_{e1})\,g(z_{e2})g(z_h)\zeta)^2\,dz_{e1}\,dz_{e2}dz_h$$

$$Z_{2B}=\int_{-\infty}^{+\infty}\int_{-\infty}^{+\infty}\int_{-\infty}^{+\infty}(g(z_{e1})\,g(z_{e2})g(z_h))^2\left(\frac{d\zeta}{dz_h}\right)^2\,dz_{e1}\,dz_{e2}dz_h$$

$$Z_{3B}=\int_{-\infty}^{+\infty}\int_{-\infty}^{+\infty}\int_{-\infty}^{+\infty}(g(z_{e1})g(z_{e2}))^2g(z_h)g'(z_h)\zeta\left(\frac{d\zeta}{dz_h}\right)dz_{e1}\,dz_{e2}dz_h$$

$$Z_{5B}=\int_{-\infty}^{+\infty}\int_{-\infty}^{+\infty}\int_{-\frac{H}{2}}^{+\frac{H}{2}}(g(z_{e1})\,g(z_{e2})g(z_h)\zeta)^2\,dz_{e1}\,dz_{e2}dz_h$$

$$Z_C=\int_{-\infty}^{+\infty}\int_{-\infty}^{+\infty}\int_{-\infty}^{+\infty}\frac{1}{\frac{P_1}{P_3}+|z_{e1}-z_{e2}|}(g(z_{e1})\,g(z_{e2})g(z_h)\zeta)^2\,dz_{e1}\,dz_{e2}dz_h$$

$$Z_{CA}=\int_{-\infty}^{+\infty}\int_{-\infty}^{+\infty}\int_{-\infty}^{+\infty}\frac{1}{\frac{P_1}{P_{3A}}+|z_{e1}-z_h|}(g(z_{e1})\,g(z_{e2})g(z_h)\zeta)^2\,dz_{e1}\,dz_{e2}dz_h$$

$$Z_{CB} = \int_{-\infty}^{+\infty} \int_{-\infty}^{+\infty} \int_{-\infty}^{+\infty} \frac{1}{\frac{P_1}{P_{3B}} + |z_{e2} - z_h|} \left(g(z_{e1})\, g(z_{e2}) g(z_h) \zeta \right)^2 dz_{e1}\, dz_{e2} dz_h$$

ζ Com é a função de correlação da parte axial com a expressão :

$$\zeta = exp[(-\gamma_1 |z_{e1} - z_{e2}| - \gamma_2 |z_{e1} - z_h| - \gamma_3 |z_{e2} - z_h|)]$$

Apêndice C

Fluxograma de cálculo numérico

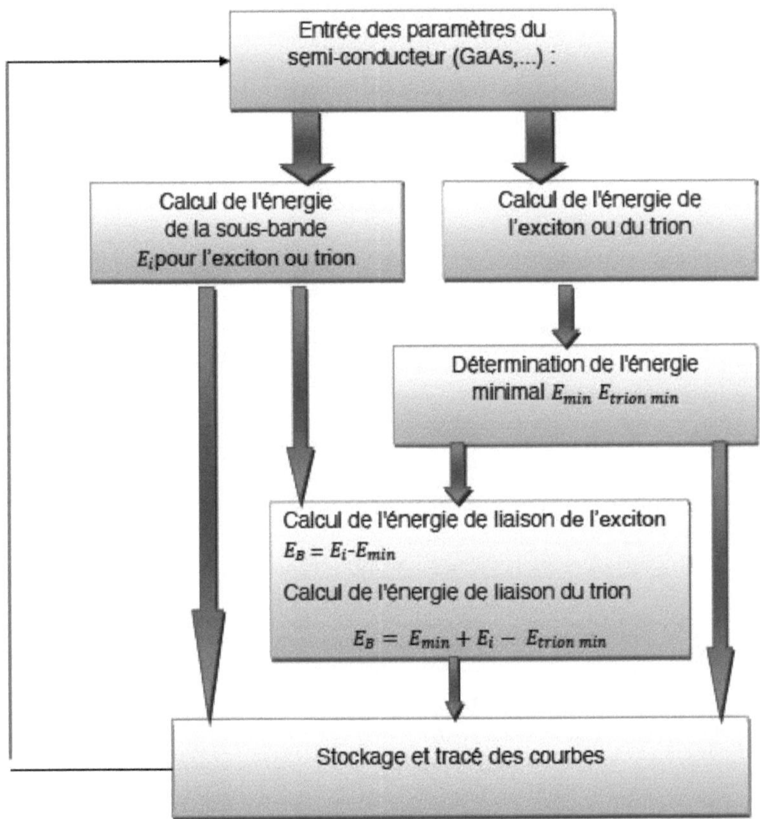

yes I want morebooks!

Buy your books fast and straightforward online - at one of world's fastest growing online book stores! Environmentally sound due to Print-on-Demand technologies.

Buy your books online at
www.morebooks.shop

Compre os seus livros mais rápido e diretamente na internet, em uma das livrarias on-line com o maior crescimento no mundo! Produção que protege o meio ambiente através das tecnologias de impressão sob demanda.

Compre os seus livros on-line em
www.morebooks.shop